Birgit Metzen und Inge Yserentant

Blüte, Blatt und Stiel

Von der Nackten Jungfer bis zur Eichel Jupiters – alles im grünen Bereich

Ein paar Worte vorneweg

Die Idee, ein Pflanzenbuch aus den Gartenkolumnen der „Gartenfreundin“ der Stadtzeitung „Tübingen im Fokus“ zu machen, entstand auf Anregung eifriger Kolumnen-Leser. Die Autorin wurde auf der Straße oder am Telefon angesprochen und per Brief oder E-mail angeschrieben.

Doch, was wäre ein Pflanzenbuch ohne Bilder?
Wie so oft ruft der Zufall die besten Ergebnisse ins Leben. Eines schönen Frühlingstages nämlich tauchte eine von Pflanzen begeisterte Fotografin im Garten der Autorin auf und begann, Aufnahmen zu machen. Viele dieser Gartenbilder, sowie bereits auf früheren Pflanzen-Streifzügen in der hiesigen Umgebung und im Botanischen Garten der Universität Tübingen entstandenen Fotos haben einen Platz in diesem Buch gefunden.

Nicht nur die Blüte, nein auch den Stiel, den Samen oder ein besonderes Detail nahm die „Foto-Frau“ in den Blick. Und genau an dieser Stelle fanden die Sprachbilder der Autorin und die Bildersprache der Fotografin zusammen: viele Menschen interessieren sich für Pflanzen und ihre Geschichte. Die wenigsten allerdings wünschen sich eine trockene, nüchterne Beschreibung eines botanischen Sachverhalts oder das korrekte Abbild eines Blattes oder einer Blüte. Das ist das Feld der Botaniker und ihrer längst geschriebenen Fachbücher. Vielmehr freut sich jeder Laie, wenn er über eine Pflanze das erfährt, was einerseits das Typische an ihr ist, das heißt, was ihre Zugehörigkeit zu einer Gruppe oder Familie ausmacht und was sich andererseits als Besonderheit, Einmaligkeit und als ganz eigene Pflanzen-Persönlichkeit niederschlägt. Einige der im Buch dargestellten Pflanzen gab es hier bereits im Altertum. Mythen, Sagen und Legenden ranken sich um sie und zeigen, dass es bei den Menschen der Antike ein tiefes Bewußtsein für die Individualität einer jeden Pflanze gab. Andere Gewächse wiederum sind erst später aus anderen Gegenden oder Kontinenten in die hiesigen Gefilde gekommen und haben nach und nach Klostergärten und herrschaftliche Gartenanlagen erobert. Wieder andere sind gezielte Produkte gärtnerischer Auslese und Züchtung, die Ausdruck einer großen und langen Garten-Kultur sind. Heute sind alle diese Pflanzen ein längst dazugehörender und selbstverständlicher Bestandteil unserer Gärten und der Natur.
Genau dies wollen wir in Text und Bild zum Ausdruck bringen.

Wenn Ihnen, liebe Leserinnen und Leser das vorliegende Büchlein Freude macht, Blicke und Einblicke ermöglicht und Anregungen gibt, dann erfüllt uns dies mit großer Zufriedenheit.

Tübingen, im November 2010
Birgit Metzen und Inge Yserentant

Die Wissenschaft vermutet: vor knapp zwei Milliarden Jahren verschlang im Urmeer ein Einzeller ein Cyanobakterium. Statt es zu verdauen, lebten die beiden fortan zusammen. Das Bakterium war geschützt vor weiteren Feinden, dafür versorgte es seine Zelle mit Energie, denn es konnte Photosynthese betreiben, die Kraft der Sonne umwandeln. Die Pflanzen wurden vielzellig, dann vielgestaltig und besiedeln seitdem Meere und Kontinente.

Wir atmen ein, was sie ausatmen. Wir nutzen sie als Nahrung, für Kleidung und Baumaterial. Sie ermöglichen nicht nur unsere schiere Existenz, nein, sie würzen und versüßen, sie bringen Farben in unser Leben.

In unserem hochtechnisierten Alltag stehen uns pflanzliche Produkte industriell genormt selbstverständlich jederzeit und überall zur Verfügung. Häufig in Form von Fertig- oder Endprodukten, die nicht mehr erkennen lassen, woraus sie bestehen.
Diese Entfremdung tut uns nicht gut. Ausgleich finden wir im Bepflanzen von Blumenkästen, in der Hege einer Balkontomate oder beim Sammeln essbarer Wildkräuter. Wir gestalten Gärten nach unseren Wünschen und Möglichkeiten und erleben mit unseren grünen Schützlingen das Auf und Ab der Jahreszeiten.

Wir suchen die unmittelbare Nähe zu der Welt der Pflanzen.

Und dann staunen wir nicht schlecht, wenn wir die Geschichte einer Pflanze hören. Wenn wir ihre Besonderheiten und Eigenarten erfahren oder welch vielfältige Bedeutung sie in unserer Menschheitsgeschichte hat. Mythen und Legenden zeugen von einer innigen Beziehung der menschlichen mit der pflanzlichen Natur aus Zeiten, als die Welt noch nicht von der Wissenschaft erklärt wurde.

Das Buch von Birgit Metzen und Inge Yserentant bringt uns den Pflanzen näher.

Mit Sinnlichkeit und Leidenschaft, aber auch mit Humor portraitiert Birgit Metzen Pflanzen, erzählt uns deren Geschichte, lässt uns staunen und nennt – ganz nebenbei – die botanischen Namen. Heiter und liebevoll betrachten wir mit ihr die Jahreszeiten und manch gärtnerische Eigenheit.

Ganz nah heran an die Pflanzen führen uns die Aufnahmen von Inge Yserentant. Wir glauben ihren Duft zu riechen oder ihre zarte Behaarung zu spüren. Tatsächlich erkennen wir die individuellen Besonderheiten von Blüte, Blatt und Stiel.

Brigitte Fiebig
Technische Leiterin des Botanischen Gartens
der Universität Tübingen

Inhalt

Winter-Gedanken

So kann's gehen: plötzlich ist es richtig Winter. Und zwar vom Besten, vom Feinsten und entgegen aller Prognosen, Vermutungen und Behauptungen. Wie viele Sonnenstunden vergolden die eiskalten Tage und zaubern uns eine fast nicht enden wollende Schönheit?
Eine Märchenwelt, über der ein Schmelz von Unberührtheit liegt. Darunter tiefe, eigenwillige, fremde und noch nicht bekannte Geheimnisse, gut behütet unter einer feierlichen weißen Decke. Darin Abdrücke und Spuren, zarte, undeutliche und flüchtige, aber auch feste, große, bestimmte. Dahinter Formen, Linien, Verzweigungen, deutliche, starke, klare und wunderliche, schattenhafte, durchscheinende. Eingehüllt, eingebettet und erstarrt in Milliarden glitzernder und vollkommener Eiskristalle.

Mit steigender Temperatur und intensiver werdender Sonnenstrahlung ist diese überwältigende Pracht schnell dahin, vom Schneemärchen nichts mehr übrig und stattdessen Ernüchterung über das Sichtbare und Unverhüllte.

Nun wollen wir gemeinsam einen Gang durch den Garten machen, am besten mit einem Stück Papier und einem Stift, denn in uns ist Aufbruchstimmung und Tatendrang.
Jetzt kommt die Zeit der Veränderung und der Planung für Neues. Zum jetzigen Zeitpunkt können wir die Struktur des Gartens besonders gut erkennen und sehen, ob Sträucher zu dicht stehen, welche Bäume draußen die Wohnräume drinnen dunkel

machen und wo ein Sitzplatz in der Sonne oder im Schatten fehlt.
Deutlich sichtbar ist auch, ob der immergrüne Rhododendron den falschen Standort hat und ob der Eingangsbereich so gestaltet ist, dass wir ihn guten Gewissens als „Visitenkarte" vorzeigen können. Leider werden wir aber auch erkennen müssen, welche unserer Pflanzen dem Frost und der Wintersonne zum Opfer fielen, denn nicht immer und überall war der Schnee-Schutz ausreichend. Dann gilt es, einen Entwurf für die Nachpflanzung von Rosmarin, Lavendel und Salbei zu machen, den Platz so zu wählen und die Erde so aufzubereiten, dass sie Chancen haben, den nächsten Winter zu überstehen.
Vielleicht haben Sie schon seit langem den Wunsch, einen kleinen, duftenden Rosengarten anzulegen und wissen nicht so recht, wie Sie dabei vorgehen sollen und worauf Sie achten müssen.

Möglicherweise liebäugeln Sie auch mit einer immergrünen und vor neugierigen Blicken geschützten Zen-Oase, einer Nische der Stille, Einkehr und Erhabenheit. Welche Materialien und Pflanzen benötigt man für einen solchen Ort und die Schaffung der entsprechenden Atmosphäre?
Manche höre ich auch sagen, eigentlich habe ich mir immer einen Garten gewünscht, in dem es dauernd blüht. Einen Staudengarten also, mit Pflanzen und Blüten, die eine große Palette an Farben und Formen aufweisen und uns das gesamte Gartenjahr aufs Üppigste erfreuen können.
Und ganz bestimmt gibt es unter Ihnen auch solche, die sich sehnlichst Wasser in ihrem Garten wünschen. Ob Schale, Bottich, Teich oder Bach, Wasser bringt eine ungeahnte Lebensvielfalt in unser Gartenreich. Vieles ist machbar, selbst auf engstem Außen-Raum!

Was auch immer Sie verändern und neu gestalten wollen: bevor Sie zur Tat schreiten, Säge und Spaten ansetzen, informieren Sie sich ausführlich, lassen Sie sich beraten und planen Sie möglichst bis ins Detail. Dann kann das Ergebnis sich nicht nur sehen sondern auch fühlen lassen. Und eine solche Bereicherung des Gartens wird Sie sommers wie winters uneingeschränkt erfreuen.

Blüten der Kälte – Der Winterjasmin

Ist der Winter tatsächlich der Feind der Blüten und die Kälte das Monster, das jegliche pflanzliche Vitalität erstarren lässt? Oder gibt es vielleicht ein paar überraschende und erfreuliche Ausnahmen?
Wir wollen uns aufmachen und schauen, ob wir fündig werden.
Und siehe da, der Blick in so manchen winterlichen Garten zeigt, dass weder Tristesse für die Augen noch fehlender Duft-Genuss für unsere rot gefrorenen Nasen angesagt ist. Denn es gibt in unseren Gärten, auf Terrassen und in Eingangsbereichen einige sehr hübsche Farbtupfer, die ausschließlich in den kältesten Monaten des Jahres ihre Blütenpracht zeigen. Es lohnt sich also, ein wenig genauer hinzugucken.

Viele von Ihnen kennen den kräftig gelbblühenden **Winterjasmin** (*Jasminum nudiflorum*), der zu der Familie der Ölbaumgewächse (*Oleaceae*) gehört und der sozusagen unaufhörlich von November bis Ende Januar blüht. Der laubabwerfende und auch ohne Blätter recht grün wirkende „Spreizklimmer" hängt gerne über Mauern hinunter oder begrünt unverzagt und wie selbstverständlich die schmucklosesten Zäune und Betonmauern. Er lässt sich nicht so gerne gänzlich zähmen und wandert oft leise, aber gezielt über den ihm zugewiesenen Standort hinaus. Dieser manchmal etwas struppig wirkende Jasmin stammt ursprünglich aus den nördlichen und westlichen Chinesischen Provinzen. Wild kommt er dort in Dickichten, Hängen und Schluchten und in Höhenlagen zwischen 800 und 4.200 m vor. 1844 gelangte das Gewächs nach Europa und ist heute als Zierpflanze aus Parks und Gärten nicht mehr wegzudenken.
Während etliche seiner Familienmitglieder teilweise umwerfende Düfte produzieren, verweigert uns dieser frühe Winterblüher das Dufterlebnis. Dafür hat er eine andere Stärke. Er kann fast problemlos im Kübel gehalten werden. Da er aber keine eisigen Winter-Winde mag, sollte das Pflanzgefäß möglichst geschützt, am besten vor einer Mauer, aufgestellt werden.

Übrigens, auch den gärtnerisch Unerfahrenen kann ich ein ganz besonderes Erfolgserlebnis garantieren: sollten Sie noch keinen Winterjasmin haben, dann bitten Sie im nächsten Sommer jemanden, der diese Pflanze besitzt um einige Zweiglein. Diese stecken sie im Halbschatten in etwas aufbereitete, lockere Erde und halten das Ganze gut feucht. Es dauert nicht so sehr lange und die Stecklinge haben sich bewurzelt.

Blüten der Kälte – Der Duftschneeball

Weit weniger bekannt ist der winterblühende **Duft-Schneeball** (*Viburnum x bodnantense*), den wir meist mit der Sorte ‚Dawn' in unseren Gärten finden können. Die rosafarbenen bis weißen, äußerst aparten Blüten verströmen einen starken und betörenden Duft, der im Reich der Winterblüher seinesgleichen sucht.

Der Strauch aus der Familie der Geißblattgewächse (*Caprifoliaceae*) ist ursprünglich in der Wildform ebenfalls ein Pflanzen-Kind des „Reichs der Mitte", so aber, wie er in unseren Gärten steht, eine gärtnerische Züchtung.

Er wächst eher locker als straff aufrecht und blüht blattlos von November bis Februar, also auch über die gesamten Wintermonate. Es sei denn, die Temperaturen sinken all zu tief. Dann nämlich erfriert der bereits knospende Flor und hinterlässt hässliche braune Verfärbungen, die erst mit einer neuen Knospenbildung wieder verschwinden.

Sollten Sie diesen hübschen, nach Mandeln duftenden Schneeball im Garten haben, schneiden Sie ruhig für die Vase hin und wieder einige Blütenzweige ab. Der Strauch selber braucht aber nur wenig Schnitt und wächst und blüht ungestört am schönsten.

Die frühlingshafte Blütenwirkung mitten im Winter ist beim Duft-Schneeball ohne Konkurrenz. An sonnigen Wintertagen, die rosa Blütchen gegen den blauen Himmel zu sehen, löst unweigerlich Frühlingsgefühle in uns aus.

Robuste Schönheit – Die Bitterorange

Wer hätte nicht gerne den Flair des Südens und den Duft von Orangenblüten in seinem Garten? Und wer würde sich nicht über leuchtend orangefarbene Früchte in der dunklen Jahreszeit freuen?
Obwohl die **Bitterorange**, auch Dreiblättrige Orange genannt, bereits 1850 nach Europa eingeführt wurde, ist sie uns so wenig bekannt, dass sie hier in der Gegend nur in ganz wenigen Gärten anzutreffen ist. Dabei hat die aus dem Himalaya stammende Citrus-Art eine ausgesprochen hohe Kältetoleranz aus ihrer Heimat mitgebracht. Dies macht sie als einzige Zitrus-Pflanze bei unseren hiesigen klimatischen Gegebenheiten tauglich für den Garten.
Die Robustheit zeigt dieser maximal 5 m hoch werdende Strauch auch in seinem äußeren Erscheinungsbild. An den dunkelgrünen Zweigen sitzen lange und kräftige Dornen, denen man am besten aus dem Wege geht. Sieht man den Strauch im Winter ohne Blätter, so wirken die Dornen, als ob die Zweige zickzackartig wachsen würden. Auch die Blätter weisen einen ganz eigenen Charakter auf. Sie sind dreigeteilt und waren ausschlaggebend für die botanische Namensgebung der Art: *Poncirus trifoliata*. Während die anderen Zitrusgewächse aus der Familie der Rautengewächse (*Rutaceae*) ihre Blätter ganzjährig behalten, wirft unsere Bitterorange die ihren nach einer bezaubernd gelben Herbstfärbung ab.
Im Frühling erscheinen, zugleich mit dem zart-grünen Austrieb der Blätter, zahlreiche, betörend duftende, weiße Blüten, die uns allesamt in einen Blüten-Duft-Rausch zu versetzen imstande sind.

Dem Flor folgen zitronenähnliche, zunächst grüne, später leuchtend gelbe Früchte, die im frühen Stadium mit einem pelzigen Flaum überzogen sind.

Wir nehmen es unserer Dreiblättrigen Orange nicht übel, dass die extrem sauren Früchte mit einem geringen Fruchtfleischanteil und vielen Kernen, zumindest roh, ungenießbar sind. Ob sie allerdings als eine Art Marmelade oder Fruchtmus zum Verzehr geeignet sein könnten, bliebe auszuprobieren. Sehr auffällig und beinahe etwas unwirklich ist die dekorative Wirkung des Strauches mit seinen vielen leuchtenden Früchten in der winterlichen Gartenlandschaft.

Wer damit liebäugelt, mehr Exotik in seinen Garten zu bringen und dieses robuste Gewächs zu pflanzen, der sollte wissen, dass die Bitterorange einen sonnigen und tendenziell trockenen Standort will. Der Boden sollte tiefgründig und durchlässig sein, damit in regenfeuchten Sommern und Wintern das Wasser zügig abfließen kann. Das bedeutet, dass für unsere dornenbewehrte Schönheit der hiesige Boden mit Humus und Sand oder Splitt gründlich verbessert werden muss.

Obwohl in der Literatur die Frosthärte bei ausgepflanzten Sträuchern mit –20 °C angegeben wird, möchte ich empfehlen, die Pflanzen in den ersten Standjahren im Winter mit Fichtenreisig vor zu starker Sonneneinstrahlung und dadurch entstehenden Kahlfrostschäden zu schützen. Erst gut eingewurzelte Pflanzen können ihre ganze Widerstandsfähigkeit ausbilden.

Da die Bitterorange keine Pfahlwurzeln bildet, sondern sich in ihrem Wurzelballen gut verzweigt, ist sie auch bestens für die Kultur in Töpfen und auf der Terrasse geeignet. Dann allerdings ist auch diese sonst eher anspruchslose und robuste Pflanze pflegeintensiver. Bei Trockenheit muss im Sommer immer wieder mäßig und mit möglichst kalkarmem Wasser gegossen werden. Das Winterquartier sollte zwar kühl, kann aber, da die Bitterorange die Blätter im Herbst abwirft, sogar stockdunkel sein. Wie fast alle Zitruspflanzen sollte auch unser hübsches Dornengewächs hin und wieder geschnitten werden. Da die natürliche Wuchsform etwas sparrig ist und recht unregelmäßig daherkommt, ist ein Schnitt, der den Strauch in gefälliger Form hält, durchaus angebracht.

Und wenn Sie sich nun für die Bitterorange entschieden haben, dann pflanzen Sie den auffälligen Strauch so, dass Sie ihn nicht nur zur Blütezeit im Frühjahr, sondern auch im Winter, von Ihrem Wohnzimmerfenster aus im Blick haben können.

Die edle Schöne, die vom Glück des Gartenjahres kündet – Die Kamelie

In der Tat, sie ist bezaubernd schön, vollkommen und sehr ausdrucksvoll. Ihre üppigen Blüten wirken wie aus Wachs geformt, strahlend und makellos. Das dunkelgrüne, kräftige Blätterkleid unterstreicht die vornehme Wirkung dieser Pflanze und lässt sie – gerade in der Blütezeit – zu einem verführerischen Objekt unserer Begierde werden.

Camellia-Hybride ‚April-Snow'

Die Heimat der *Camellia japonica* aus der Familie der Teestrauchgewächse (*Theaceae*) liegt in den feuchten Bergregionen des südlichen Chinas und Japans, Nepals und Vietnams. An seinen natürlichen Standorten kann der immergrüne Strauch eine Höhe bis zu etwa 8 Metern erreichen, selten auch mehr. Die Langlebigkeit der **Kamelie** ist legendär. In China soll es Exemplare geben, deren Alter auf mehr als 1.000 Jahre geschätzt wird. Bevor diese besondere Pflanze im 16. Jahrhundert durch portugiesische Seefahrer aus der Kolonie Macao in Südchina nach Europa kam, war sie wohl schon lange in chinesischen und japanischen Gärten als Ziergehölz zu finden und spielte bei der Teezeremonie eine Rolle. Vor allem die einfachen und dezent nach Pflaumen duftenden Blüten der ungefüllten Arten der *Camellia sasanqua* und der *Camellia reticulata* galten bei Hofe als Symbol für Harmonie und Freundschaft.

Frucht von Camellia japonica ‚Tricolor'

Es kommt nicht von ungefähr, dass diese überaus elegante Pflanze auch die Schlossgärten und Gewächshäuser des europäischen Adels eroberte und im 19. Jahrhundert zur vornehmsten Modepflanze

des Hofes und des Großbürgertums wurde. In der Nähe von Dresden gab es seit 1813 die berühmte Kameliengärtnerei Seidel, die mehr als 1.100 Kameliensorten kultivierte und die Pflanzen bis zum St. Petersburger Zarenhof lieferte.
Rosa, weiße, rote, zweifarbig gefleckte, dicht gefüllte, leicht gewellte Blüten, einfache Kelche mit strahlend gelben Staubgefäßen schmückten Schalen in den Salons, zierten die kunstvolle Haartracht der Damen, steckten in Knopflöchern der Herren und standen als auffällig blühende Statussymbole in schattigen Parkanlagen. Die wohl bekannteste ausgepflanzte Kamelie ist mittlerweile 9 Meter hoch und steht seit über 220 Jahren im Garten des Schlosses Pillnitz bei Dresden. Nach einem Brand, der das alte Holzgerüst zum Befestigen des Wärmeschutzes der Pflanze vernichtete, bekommt die dunkelrot blühende Schönheit seit 1992 nun in jedem Winter ein fahrbares Glashaus übergestülpt, das Blätter und Knospen vor Kälte schützt und eine frühe Blüte garantiert.

Literarisch verewigt hat Alexandre Dumas Mitte des 19. Jahrhunderts diese besondere Blume in seinem, die damalige Pariser Welt bewegenden Roman „*Die Kameliendame*". Und Verdis wundervolle Oper „*La Traviata*", die das traurige Schicksal der jungen Kurtisane in musikalischer Vollkommenheit darstellt, bedient sich dieses Romans als Vorlage.

Sollten Sie nun erwägen, eine dieser vornehmen Pflanzen-Schätze im Topf zu erwerben oder bereits eine gekauft haben, dann müssen Sie folgendes wissen und beherzigen: Kamelien sind, entgegen mancher Versprechungen und Lockrufe, in Deutschland nicht oder kaum winterhart. Sie sollten daher, nach dem Sommer draußen, im halbschattigen Freien, ab Spätherbst in einem kühlen und hellen Raum überwintert werden. Wärme lieben sie keinesfalls und trockene Zentralheizungsluft malträtiert die Schönen und führt zu Knospenfall. Die Kamelie braucht unbedingt kalkfreie, saure Erde und sollte mit Regenwasser gegossen werden. Die eigenwillige Vornehme verabscheut volles und direktes Sonnenlicht, fühlt sich aber im bedeckt lichten und luftfeuchten Milieu besonders wohl. Wenn Sie diese „Lebensbedingungen" unserer stolzen Schönen beachten, werden Sie viel Freude an dieser langlebigen Pflanze haben.

Camellia japonica ‚Eastern Morn'

Symbol des nahenden Frühlings – Der Mandelbaum

Wenn es an der Weinstraße und im Markgräflerland Frühling wird, kann man im frühen Jahr in der weichhügeligen Landschaft weiße, hell- und dunkelrosa Blütenbäume stehen sehen, deren Zweige sich leicht und anmutig im lauen Wind bewegen, fast so, als ob sie tanzten. Der Kontrast zwischen dem hellen, liebreizenden Blütenschleier und dem festen, gefurchten Stamm mit dunkel-rissiger Rinde könnte ausdrucksvoller nicht sein. Noch sind die Bäume ohne Blätter und präsentieren lediglich ihren zartblütigen und fein duftenden Flor. Kaum aber ist dieser abgeblüht, zeigen sich die zunächst hellen und später kräftig grünen und dem Pfirsichblatt ähnelnden Blätter.

Der **Mandelbaum**, (*Prunus dulcis, Syn. Prunus amygdalus*) gehört wie Kirsche, Apfel, Pflaume, Erdbeere und vieles andere mehr in die große Familie der Rosengewächse (*Rosaceae*). Seine Heimat liegt im Kaukasus, Iran und Zentralasien und er wird dort seit zehntausend Jahren kultiviert. Sehr lange schon hat er den Mittelmeerraum erobert und man nimmt an, dass er höchstwahrscheinlich mit den Römern nach Deutschland kam. Botanisch gesehen ist die Frucht, also die Mandel, keine Nuss sondern eine Steinfrucht. Man unterscheidet zwischen süßen und bitteren Mandeln. Erstere können sowohl roh gegessen als auch für Süßspeisen verwendet werden. Ein uns bestens bekanntes und ganz besonders feines Produkt der Süßwarenherstellung ist das Marzipan, das, bevor es im 15. und 16. Jahrhundert zu einem beliebten

Konfekt an europäischen Höfen wurde, als Arzneimittel gegen Durchfallerkrankungen Anwendung fand und nur in Apotheken erhältlich war. Doch auch als geröstete Salz-Mandel – dazu wird vor dem Rösten und Salzen, die braune Haut der Mandel durch Überbrühen mit kochendem Wasser abgezogen – ist die Frucht äußerst wohlschmeckend. In der indischen Küche verfeinern gemahlene Mandeln würzige Soßen und machen diese sämig. Bittere Mandeln hingegen sind zum Rohverzehr nicht geeignet, da sie das Blausäure erzeugende Glykosid Amygdalin enthalten. Doch die Mandel kann noch mehr. Schon lange wird das Öl für die Hautpflege eingesetzt und werden Mandel-Seifen hergestellt. Der typische Mandel-Duft findet sich in vielen Kosmetikpräparaten und Hautpflegemitteln. Und nun noch die Krönung dessen, was unsere Mandel uns Gutes tut: die Mandel ist für ihre Cholesterin senkende Wirkung bekannt. Es gibt sogar Studien, die behaupten, dass der regelmäßige Genuss von Mandeln dazu beitragen kann, die Mortalität bei Herz- und Kreislauferkrankungen zu senken. Wäre das nicht Grund genug, sich einen Mandelbaum in den Garten oder in einen Kübel zu pflanzen?

Es gibt mittlerweile selbstbefruchtende Sorten, wie *'Tuono'* und *'Supernova'* aus Italien, die ohne Schwierigkeiten als einzelnes Bäumchen im Garten gehalten werden können. Den Boden mit Sand oder Splitt etwas aufgelockert, mit Humus verbessert und am besten in voller Sonne, vor die Hauswand oder eine Mauer gepflanzt, könnten Sie schon bald nicht nur einen Blütentraum erleben, sondern eigene, knackige Mandeln ernten. Der maximal 7 m hoch wachsende Baum hat auch in einem kleineren Garten Platz. Und Temperaturen bis minus 18° C liebt er zwar nicht gerade, hält er aber aus. Wollen Sie die Mandel allerdings im Kübel halten, ist sie natürlich pflegeintensiver und darf im Winter nicht draußen bleiben. Dann wird ein gerade frostfreies Winterquartier benötigt, das aber gerne völlig dunkel sein darf.

Übrigens: das, was mit Sicherheit schon viele von Ihnen gekauft und gepflanzt haben und was im frühen Frühling in vielen Garten-Centern preisgünstig als **Mandelbäumchen**, gefüllt, rosa blühend und oft in Form eines kleinen Hochstamms angeboten wird, gehört zwar auch zur Familie, ist aber keine Mandel. Es handelt sich um einen *Prunus triloba*, ein außergewöhnlich hübsches, zudem verführerisches, aber äußerst krankheitsanfälliges Bäumchen, das fast immer schon im ersten, spätesten aber zweiten Standjahr die Spitzendürre-Krankheit *Monilia* bekommt. Um die Pflanze am Leben zu erhalten, bleibt dann nur noch ein drastischer Rückschnitt der Zweige sofort nach der Blüte – sonst gibt es keinen Blütentraum mehr im nächsten Jahr.

Die zarte Verführung – Das Veilchen

Wir brauchen gar nicht weit zu gehen. Vielleicht nur in unseren eigenen Garten, vielleicht auch an einem Spazierweg entlang oder über die Obstbaumwiesen unserer liebenswerten Hügellandschaft: da sitzen sie im noch niederen Gras, oft in der Nähe von Obstbaum-Stämmen, dicht an dicht, ein Blütenköpfchen dem anderen zugeneigt, im strahlendsten Violett: die **Veilchen**, *Viola odorata*.
Es gibt wohl kaum ein anderes Blümle zu dieser Jahreszeit, das so sehr den Frühling symbolisiert und einen Reiz ohnegleichen besitzt. Wenn wir diesem wohl duftenden Blümlein menschliche Eigenschaften zuordnen wollten, dann würden wir zu der Erscheinung des Veilchens sagen: offen, klar, freundlich, gewinnend, unaufdringlich, bescheiden.
Weder Dichter noch Musiker konnten sich dem Charme dieses frühen Frühlingsboten entziehen und verehrten ihm durch die Jahrhunderte Gereimtes und Komponiertes.

Einer Legende nach wuchs im antiken Griechenland das Veilchen an der Stelle, wo der Sänger Orpheus seine Lyra niedergelegt hatte; daher auch der spätere Gattungsname *Viola*.
In einer anderen Legende wurde die schöne, aber spröde Tochter des Himmel tragenden Atlas von den Strahlen des Sonnengottes verfolgt. Als die fliehende Schöne sich Hilfe von Zeus erbat, verwandelte dieser das Mädchen in ein Veilchen, das von nun an geschützt vor den Strahlen des Sonnengottes in lichten Gebüschen des Waldsaums wächst.

Im Römischen Reich zur Zeit Neros (37–68 n. Chr.) war das Veilchen nicht nur gleich mehreren Gottheiten geweiht, sondern eine regelrechte Kultpflanze. Dieses kleine duftende Blümchen symbolisierte Liebe und Zuneigung und bekränzte römische Häupter bei Frühlingsfesten.
Schon um 400 v. Chr. setzte der griechische Arzt *Hippokrates* sowohl die Blüten, als auch Wurzeln als Heilpflanze gegen Husten, Magenbeschwerden, Hautkrankheiten und Kopfschmerzen ein. Also, ein Wunder-Blümchen, unser Veilchen.
Wen wundert es da noch, dass die wohlriechenden und feinschmeckenden Blüten auch in der mittelalterlichen Küche Englands für Salate, Suppen und Desserts verwendet wurden?
Und die Krönung des Gaumen-Genusses für viele Liebhaber der süßen Verführungen, sind die aus Frankreich stammenden kandierten Veilchenblüten.
Für die „Violettes de Toulouse" werden die Blütenblätter vorsichtig und einzeln in halbsteif geschlagenes Eiweiß getaucht und anschließend mit feinstem Kristallzucker bestreut. Danach trocknen sie bei max. 50 °C einige Stunden im Backofen und können dann vielfältigst verwendet werden.
Einen besonderen Charme besitzen die inzwischen leider aus der Mode gekommenen Biedermeier-Sträußchen: für diese pflückt man 15 bis 20 Blüten mit möglichst langen Stängeln, umfasst diese mit 6 der herzförmigen Blätter und bindet alles mit einem Faden zusammen, damit es nicht auseinander fällt. Das kleinste Väschen, das wir haben, ist gerade recht für dieses zauberhafte Miniatur-Gebinde!

Frühe Blüte, späte Frucht – Die Kornelkirsche

Von der extrem früh blühenden und spät fruchtenden Kornelkirsche ist aus den Bergregionen des südöstlichen Mittelmeerraumes folgende Geschichte überliefert: Ein Bär streift im sehr zeitigen Frühjahr, ausgehungert vom Winter und auf der Suche nach Essbarem durch die hügelige Landschaft und nimmt mit Bärenfreude die bereits blühenden Kornellen-Büsche wahr: „Dann wird es wohl auch bald schon die süßesten Früchte geben" denkt der Braunpelz und plant, in Bälde wieder hier herzukommen und zu ernten. Aber vergeblich kommt er zuerst im späten Frühling, wieder umsonst im Sommer und ebenso erfolglos im Spätsommer. Seine Bären-Geduld wird aufs Ärgste strapaziert, denn erst der späte Herbst beschert dem Pelzigen die reifen Früchte.

Die **Kornelkirsche**, mit dem botanischen Namen *Cornus mas,* wird auch Dürrlitze, Zisserle, Hornkirsche, Welsche Kirsche oder Beinholz genannt und kommt aus der Familie der Hartriegelgewächse (*Cornaceae*). Vielleicht ist Ihnen anhand der Namen und Bezeichnungen schon klar geworden, dass es sich bei dem in Südeuropa und einigen Teilen von Mitteleuropa verbreiteten Großstrauch um etwas Festes und Hartes handelt. Das lateinische cornu = Horn könnte auf das extrem harte Holz des Baumes hindeuten. Denn es ist das härteste Holz, das in Europa wächst und es ist so schwer, dass es im Wasser nicht schwimmt, sondern sinkt. Obwohl der zwischen 4 und 8 m hoch werdende Baum gebietsweise recht häufig anzutreffen ist, wurde er meist gezielt angepflanzt. Wild kommt er bei uns nicht vor. Wer im zeitigen Frühjahr, noch vor der massigen Forsythienblüte kleine, zartgelbe, fast filigrane Dolden in lichtem Gebüsch sieht, das zudem von Bienen umschwärmt wird, kann sich sicher sein, dass es sich um die blühende Kornelkirsche handelt. Mit unseren echten Kirschen, botanisch *Prunus*, aus der Familie der Rosengewächse, hat die Kornelle wenig zu tun. Wie diese ist sie zwar eine Steinfrucht, die Frucht aber ist kleiner und viel weniger fleischig. Allerdings gibt es mittlerweile Züchtungen, bei denen der Fruchtfleischanteil größer ist und somit die Ergiebigkeit deutlich steigt. Zugegeben, die Ernte ist etwas mühsam, denn die Kornellen reifen nach und nach über mehrere Wochen und geschmacklich sind nur die vollreifen, dunkel- bis schwarzroten Früchte am besten. Und wie schmecken sie? Der angenehme Eigengeschmack ist begleitet von einer ausgeprägten Säure, die einen hohen Vitamin C-Gehalt anzeigt. Von hervorragender Qualität können die aus den Früchten hergestellten Gelees und Konfitüren sein. Am meisten bekannt sind sicherlich die Obstbrände und Liköre, die hauptsächlich in Österreich und in großen Teilen Ost- und Südeuropas eine lange Tradition haben.

Hier ist vermutlich auch die Heimat des Kornellen-Baumes zu suchen. Er ist ein typisches Gewächs der wärmeren Gegenden Europas und wird dort seit jeher kultiviert. In Italien wurden in stein- und bronzezeitlichen Pfahlbauten häufig, fast massenhaft Kornellen-Kerne gefunden. Dies ist ein Indiz, dass sie ein wichtiger Teil der damaligen Nahrung waren.

In den Mythen des Altertums taucht immer wieder das feste, elastische Holz des Baumes auf. So soll der legendäre Bogen des Odysseus, den nur er spannen konnte, aus diesem Holz gefertigt worden sein. Tatsächlich erhielt dieses zähe, feste Holz der Kornelkirsche eine geradezu sagenhafte Bedeutung. Denn als Ersatz für Metall eignete es sich ganz besonders zur Herstellung von Speeren und Lanzen. Bei den Griechen und Römern war diese Verwendung so üblich, dass *Ovid* sie in seinen „Metamorphosen" entsprechend als „kornellenen Schaft" oder an anderer Stelle „ins Gesicht er gebohret die ungestählte Kornelle" beschreibt. Angesichts dieser blutigen Heldenkampf-Darstellung wende ich mich unserer Kornelle doch viel lieber genüsslich zu. In der griechischen Mythologie nämlich heißt das Ehepaar *Philemon* und *Baucis* den von ihnen unerkannten Gott *Zeus* und den Götterboten Hermes mit einem schmackhaften Kornellen-Mus willkommen.

Nachweislich wird die Dirlitze in Deutschland seit Beginn des Mittelalters in den Klostergärten der Benediktiner als Heilpflanze gegen Gicht, Magen- und Darmkrankheiten angepflanzt.

Dass so mancher Einwohner Ziegenhains bei Jena, nach dem Jahre 1789 bis etwa 1920 ein lohnendes Zubrot mit der Herstellung der Ziegenhainer-Stöcke verdiente, hatte er dem Holz unseres *Cornus mas* zu verdanken. Die geraden, geschälten Äste ergaben äußerst haltbare Knotenstöcke, die lange Zeit gut bezahlt wurden.

„Was Du da machst, ist unökologisch" erklärte mir kompromisslos und herausfordernd unlängst eine gute Bekannte, als sie mich mit dem Gartenschlauch in der Hand neu gepflanzte Thujen wässern sah: fragwürdiger Wasserverbrauch, nichtheimische Pflanzen, Beimischung eines fertigen Kultursubstrats zur heimischen Pflanzerde ... Oha, frau hat mein Allerheiligstes attackiert! „Nun," hörte ich mich ebenso angriffslustig antworten: „dafür kommen Deine gelbstichigen Mini-Buchse nicht auf Touren, Dein geliebtes Brombeergestrüpp zerkratzt Dir (und mir!) beim Vorbeigehen Arme und Beine und die Vegetation in Deinem verwilderten Zwetschgenhain gleicht der einer Monokultur".

Hunderte solcher und ähnlicher Dialoge habe ich in den letzten 25 Jahren in meinem Kopf abgespeichert und eigentlich könnten wir doch denken, dass die Zeit der Extrem-Positionen endlich vorbei sei. Aber nein, kaum hat die Gartensaison begonnen, laufen Garten-Fundis jeglicher Couleur wieder durch Feld, Wiesen und Gärten und hissen, wann immer sie können, ihr ideologisches Fähnlein.

Warum müssen die Liebhaber des Gemeinen Hartriegels angesichts knalliger Rhododendronblüten ihren Argwohn kundtun? Oder warum kündigen die Verfechter des makellos grünen, englischen Rasens ihrem Nachbarn angesichts dessen gelben Löwenzahnparadieses die Freundschaft auf? Weshalb kriegt manch' ein Gartenfreund einen Vogel, wenn ein anderer vor

Garten-Fundamentalisten

lauter Kleingärtner-Freude ein Gartenzwerg-Festival veranstaltet? Und warum liefern sich Mondphasen-Aussaat-Vertreter mit Bauernkalender-Spezialisten erbitterte Wortgefechte?

Die Natur selbst zeigt uns doch täglich, dass es keine zwanghaften und anderes ausschließenden Grundsätze und Erscheinungen gibt. Alles ist möglich und darf nebeneinander existieren – auch wenn es noch so wunderlich und vielleicht auch, mit menschlich-gärtnerischen Maßstäben gemessen, völlig unsinnig ist.

Stellen Sie sich vor, Sie haben vor zwei Jahren einen Bambus in eine Lücke gepflanzt, damit er diese mit der Zeit ausfülle.
Was aber macht der? Er unterwandert Ihre Absicht und den Boden mit einem zähen Spross und taucht unverfroren in vier Meter Entfernung im Rosenbeet wieder auf. Oder, Sie setzen die hübschesten Goldfische in Ihren Teich und freuen sich täglich über die Futter schmatzenden Genossen. Doch über Nacht ist der Teich fischleer und Sie starren morgens nur noch auf eine trübe Brühe. Der elegante Reiher war wohl da!
Walderdbeeren, denken Sie, sind der ideale Bodendecker. Die Kinder und Enkelkinder können davon naschen und der Boden ist immer mit hübschen Pflanzen bedeckt. Genau so ist's. Nach drei Jahren hat die kleine, radikale Beere alle anderen Blattpflanzen mit ihren krakenartigen Trieben niedergemacht und feiert die Alleinherrschaft. Oder, Sie setzen farbenprächtige Primeln ins noch kahle Frühlingsbeet. Ein Jahr später grinsen Ihnen ausgebleichte Blütenköpfchen entgegen, die keinerlei Ähnlichkeiten mehr mit der ursprünglichen Pflanze haben. Noch schlimmer: Sie werfen verärgert aber mit schlechtem Gewissen die jahrelang gepäppelten Papagei-Tulpenzwiebeln mit dem gelungenen Schwung einer schwerwiegenden Entscheidung – nämlich der des Todesurteils – auf den Komposthaufen. Monate später trauen Sie Ihren Gärtneraugen nicht: die Totgeglaubten sprießen im hintersten Kompostwinkel mit frischestem, angeberischem Grün und buntgefransten Blütenköpfen!

Also, liebe Wildnis-Propheten, Ästhetik-Puristen und An-Allem-Nörgler: Üben wir uns in gärtnerischer Toleranz und Großmut! Dann wird das Gartenjahr um so schöner!

Primula vulgaris, Selbstaussaat

Straußenfarn

Pflanzen der Urwelt – Die Farne

Farne sind faszinierende Urwelt-Wesen, die seit mehr als 400 Millionen Jahren auf unserer Erde existieren. Im Erdzeitalter des Karbon bildeten hauptsächlich bis zu 30 Meter hohe Baumfarne zusammen mit Bärlapp-Gewächsen und Schachtelhalmen ausgedehnte Wälder, die tropisches bis subtropisches Klima aufwiesen. Der Übergang vom Devon ins Karbon ist von einem Massensterben der Arten in den Meeren gekennzeichnet, was bedeutet, dass es in den Ozeanen zum Verschwinden bereits höher entwickelter Fische kam. Und wie sah das Leben an Land, in den riesigen Wäldern, welche die Grundlage unserer heutigen Kohlevorkommen bilden, aus? Tatsächlich gab es schon die ersten Amphibien und einige flügellose Insekten, die in gemütlichem und gemächlichem Lebensrhythmus durch die feucht-warmen Farnwälder krochen.

Obwohl Farn-Pflanzen in der gesamten Zeit ihrer Existenz immer wieder und teilweise recht drastische klimatische Veränderungen auszuhalten hatten, konnte sich doch, fast wie ein Wunder, ein kleiner Rest dieser einst sehr artenreichen Pflanzengruppe in unsere Gegenwart „herrüberretten". Farne sind nach wie vor in allen Erdteilen dieser Welt zu finden. Manche von ihnen sind auch heute noch derart anpassungsfähig, dass neben den in freier Natur und in unseren Gärten vorkommenden Pflanzen etliche von ihnen in warmen oder kühleren Wohnräumen ohne Schwierigkeiten kultiviert werden können.

Farnpflanzen gehören zu ganz unterschiedlichen Familien und ihr Aussehen ist sehr variantenreich. Dennoch haben sie einige gemeinsame Merkmale. Die Blätter werden meist als Wedel bezeichnet, wobei ihre Form von grob bis zart gefiedert, breit oder fein zungenartig oder geweihartig erscheinen kann. Kletternd oder hängend, am Boden oder auf Bäumen sitzend, im Horst oder durch Sprosse weiterwachsend – diese Urweltwesen zeigen sich in größter Vielfalt.

Doch Farne blühen nicht und bilden deshalb auch keine Samen aus. Diese Pflanzengruppe war lange da, bevor es Blütenpflanzen gab und vermehrt sich auf eine andere Weise. Meist auf der Blattunterseite oder am Blattrand der Wedel werden Sporen gebildet, die als dunkelbraun erscheinende Tüpfel in einer Art „Behälter" sitzen. Dieser reißt irgendwann auf und entlässt die Sporen, die zuerst einen Vorkeim bilden. Auf diesem befinden sich weibliche und männliche

Wurmfarn

Geschlechtsorgane. Bei genügend Feuchtigkeit kann nun eine Befruchtung stattfinden und eine neue Farnpflanze entstehen. Dieser hochinteressante Zyklus wird als „Generationswechsel" bezeichnet, ein Wechsel also, der regelmäßig zwischen einer geschlechtlichen Generation, der des Vorkeims, und einer ungeschlechtlichen Generation, der Farnpflanze mit den Sporen, stattfindet. Diesen wunderbaren Vorgang können wir zwar bei unseren Farnen in freier Natur, kaum aber bei unseren Zimmerfarnen beobachten. Denn ob Frauenhaarfarn (*Adiantum*), Geweihfarn (*Platycerium*), Nestfarn (*Asplenium*) oder Goldschuppenfarn (*Dryopteris*), sie alle sitzen oder hängen in ihren kleinen, zimmergerechten Gefäßen, die den oben beschriebenen Verbreitungszyklus nicht zulassen. Aber unsere Zimmerfarne haben einen großen Vorteil. Sie brauchen kein direktes Sonnenlicht. Überall dort, wo es für Blütenpflanzen zu dunkel ist, können Farne ein ideales Plätzchen in der Wohnung, in Treppenhäusern oder Eingangsbereichen finden.

Und wie sieht es in unseren Gärten mit diesen Urwelt-Pflanzen aus? In vielen Gärten bilden sich

Wurmfarn mit Sporenbehältern

im Laufe der Jahre oder Jahrzehnte mit dem Wachstum von Bäumen und Sträuchern ganz von selbst schattige Bereiche, die durchaus den Charakter eines Wäldchens oder einer Waldlichtung annehmen können. Meist ist unter Bäumen und zwischen Sträuchern auch die Luftfeuchtigkeit höher als in den sonnigeren Gartenbereichen. Das sind genau die richtigen Standorte für Farne! Wenn Sie bereit sind, unseren hiesigen Boden stark mit guter, humoser Erde zu verbessern, dann können Sie die schönsten und charaktervollsten Schattenbereiche mit Wurmfarn (*Dryopteris filix-mas*), Frauenfarn (*Athyrium filix-femina*), Königsfarn (*Osmunda regalis*) und Hirschzungenfarn (*Asplenium scolopendrium*) gestalten.

Ein leises, ganz unaufdringliches aber wundervolles Natur-Schauspiel können wir in jedem Frühjahr bei unserem häufig vorkommenden Wurmfarn in freier Natur oder im Garten beobachten: die vollkommen kunstvolle Blatt-Entfaltung, das Aufrollen von zunächst festen, braungrünen „Farnschnecken" zu weichen, filigranen und frisch-grünen Wedeln.

Baumfarn

Vom Sinn einer Pause

Die Natur hat lieber jemanden, der sich mit einem fruchtbaren Garteneinfall aus der Hängematte erhebt, als jemanden, der den ganzen Tag ohne Einfall im Garten umherrast.

Karl Foerster

Pausen können erholsam sein. Sie können auch inspirierend, schöpferisch und sehr befriedigend sein. Und sie dienen dann einzig dem folgerichtigen Zweck, irgendwann die Lücke zu schließen und wieder anzuknüpfen, wieder aufzunehmen, in gewohnter oder veränderter Weise.
Manchmal denke ich, die Pflanzen können das viel besser als wir Menschen. Bei diesen sind die Pausen nämlich ein Naturgesetz, an dem nicht zu rütteln ist. Für die einen länger, für die anderen kürzer.

Nehmen wir das Beispiel der Stauden. Jeder von Ihnen kennt welche, auch wenn Sie vielleicht gar nichts mit dem Begriff Staude anfangen können: Pfingstrosen, Schwertlilien, Maiglöckchen, Rittersporn, Akelei und Gänseblümchen zum Beispiel. Die einen blühen nur einmal im Jahr, manche ein zweites Mal und wenige öfter. Aber es ist ihnen allen gemein, dass sie nicht nur eine mehr oder weniger lange Blühpause einlegen, sondern mit dem Beginn des Winters ihr oberirdisches Leben ganz einstellen und für unsere Augen verschwinden. Wüssten wir es nicht, dass sie nur ihre wohlverdiente lange Pause zum Pflanzen-Kräfte sammeln einlegen, müssten wir annehmen, sie seien eingegangen und tot. Doch eben, wie ein Wunder, gemäß den Gesetzen der Natur, tauchen sie an der alten Stelle im kommenden Frühling wieder auf; schnell oder langsam, hellgrün oder weinrot, rundlich oder spitz, zart oder kräftig. Und wir? Wir freuen uns, dass sie wieder oder noch da sind!

Und doch gibt es große Unterschiede, bei den Pflanzen, wie bei den Menschen. Die menschlichen Hängemattentypen können stunden-, tage- oder sogar wochenlang, ganz zufrieden im Hier und Jetzt einem Einfall und einer Aktion entgegen schaukeln. Es stört sie nicht so sehr, dass das Unkraut unter ihrer Hängematte zu wuchern beginnt, die Grabegabel im Regen vor sich hinrostet und die Nachbarn verständnislose, ja sogar vorwurfsvolle Blicke über die Hecke werfen. Doch plötzlich erheben sie sich – irgendwann – aus ihrem schöpferisch-schläfrigen Schaukeln, greifen zu Spaten und Schere und beginnen, etwas Neues, Anderes und Schönes zu gestalten.

Für die Gartenhektiker und Ordnungsfanatiker sind die eben Beschriebenen kaum auszuhalten, denn diese sind ohne Pause damit beschäftigt, zu zupfen, zu stutzen, zu rupfen und zu putzen.

Ein ganz besonders kleinwüchsiger Pausen-Künstler und ein nur zur Blütezeit auffallendes, aber sehr durchsetzungsfähiges Pflänzlein ist das **Scharbockskraut** (*Ranunculus ficaria*). Es nutzt seine extrem langen Pausen bestens, um in jedem zeitigen Frühjahr erneut an feuchten Stellen aufzutauchen und mit nahezu ungehemmter Wuchslust, den Rasen und die Beete in alle Richtungen zu durchwandern.

Wer es im Garten hat, verflucht es meist und kann dem hübschen, knollenbildenden „Wucherfritzen“ kaum etwas Positives abgewinnen.

Meist beginnt das Kraut bereits im Februar seine glänzend grünen und herzförmigen Blättchen zu zeigen und „webt“ innerhalb weniger Tage einen geschlossenen, kräftig grünen Teppich. An den sich anschließend in Goldgelb entfaltenden Stern-Blütchen kann man durchaus gut die Hahnenfuß-Familienzugehörigkeit erkennen. Die Blütezeit ist recht kurz und die Reifung der Samen geht schnell. Nach wenigen Wochen vergilben die Blätter und sterben ab und unser radikales Kräutlein schlummert nun in einer langen Pause – nahezu ein dreiviertel Jahr – seiner nächsten oberirdischen Existenz entgegen.

Einst wurden in China weißblühende Magnolien als Symbol der Reinheit vor die Tempeleingänge gepflanzt und galten lange Zeit als alleiniges Eigentum der kaiserlichen Herrscher im Reich der Mitte. Die Besonderheit und Schönheit der Magnolie fiel bereits Marco Polo Ende des 13. Jahrhunderts auf. Er spricht in seinen „Geschichten über China" von Sträuchern und Bäumen mit auffälliger Schönheit und großen, pokalförmigen Blüten. Nach Europa aber kam die kaiserliche Schönheit mit ihren porzellanartigen Blumen erst um 1780. Diese edle, nach dem französischen Botaniker Pierre Magnol benannte Pflanze hielt zu jener Zeit recht schnell Einzug in die höfischen Gärten. Und damit begann auch die Zeit der Züchtungen von neuen Blütenformen und -farben.

Es gibt kaum ein Gehölz in unseren Gärten und Parks, das größere Blüten aufweist als die Magnolie. Eine der bekanntesten dieser vornehmen Großblütigen ist die **Tulpen-Magnolie** (*Magnolia x soulangeana*), die ihre becherförmigen Blüten nicht nur in weiß, cremefarben, rosa überhaucht, sondern auch in hell bis dunkel changierenden Purpurtönen zeigen kann. 1826 blühte das erste Exemplar dieser recht widerstandsfähigen Kreuzung in Paris, wurde im Laufe kurzer Zeit zur beliebtesten Magnolie überhaupt und trat damit den Siegeszug durch Parks und Gärten in ganz Europa an.

Der Flor der tulpenförmigen Blüten entwickelt sich im frühen Frühling aus den bereits im Vorjahr angelegten Knospen. Durch die frühe Blüte allerdings ist unsere Magnolie extrem anfällig für späte Fröste.

Zuhause in fernöstlichen Tempelgärten – Die Magnolie

Und wenn die wachsartigen Blütenblätter erst einmal hässliche braune Verfärbungen aufweisen, ist es um die bezaubernde Blüte in diesem Jahr geschehen.

Fast alle Magnolien sind laubabwerfende Bäume oder Sträucher. Die einzige immergrüne Art, die zudem extrem große und strahlendweiße Blüten besitzt, ist die **Immergrüne Magnolie** (*Magnolia grandiflora*). In ihrem dunkelgrünen Blätterkleid ist sie von erhabenster und vornehmster Wirkung. Allerdings hält diese, den Halbschatten bevorzugende Diva, im Gegensatz zu ihren hier genannten Familienmitgliedern, sehr kalte Winter bei uns nicht aus – es sei denn, sie stehe vor eisigen Nord- und Ostwinden geschützt.
Mit Ausnahme der relativ kleinwüchsigen und kleinblütigen **Stern-Magnolie** (*Magnolia stellata*) nehmen die meisten der langsam wachsenden Sträucher mit der Zeit stattliche Ausmaße an. Wollen Sie also eine dieser fernöstlichen Schönheiten in Ihren Garten pflanzen, dann berücksichtigen Sie das vorhandene Platzangebot. Unter den vielen Kreuzungen der verschiedenen Arten und Sorten gibt es mittlerweile auch für kleine Gärten und sogar für Kübel geeignete Pflanzen. Nur, der Standort sollte geschützt, sonnig bis halbschattig und der Boden nahrhaft und gleichmäßig feucht sein. Ist die Schöne erst einmal gepflanzt, so sollte man sie in Ruhe wachsen lassen und nicht der Verführung unterliegen, sie mit Schere und Schnitt zum Wachsen anregen zu wollen.

Die äußerst attraktiven und leuchtend roten Samen bilden unsere Magnolien nur selten aus. Auch diesbezüglich zeigen sie sich vornehm zurückhaltend. Trotz dieser speziellen Pflanzen-Wünsche und einer gewissen Anspruchshaltung können wir die Magnolie als eher pflegeleicht bezeichnen. Krankheiten und Schädlinge steckt sie einfach weg und konzentriert sich in ihrem edlen Pflanzen-Leben ausschließlich auf den jährlich wiederkehrenden Blütenzauber.

In der Tat, der umwerfenden Wirkung eines älteren und voll erblühten Magnolienbaumes kann sich keiner entziehen, denn die Pracht der üppigen und edlen Blüten ist unvergleichlich. Es ist sehr schön, dass diese stolzen Bäume in Tübingen vor und neben alten Universitätsgebäuden und im Alten Botanischen Garten vergleichsweise zahlreich zu finden sind.

Und wenn Sie für kurze Zeit eintauchen wollen in eine asiatisch-orientalische Märchenwelt, dann besuchen Sie zur Magnolienblüte den Maurischen Garten in der Stuttgarter Wilhelma.

Von Nymphen und Anemonen

Anemone blanda

Wenn im Frühling die Natur mit einem Paukenschlag erwacht, farbenprächtige Blütenköpfchen sich in der Sonne öffnen, frisches Grün aus Blattknospen bricht, wunderbare Düfte durch die Luft ziehen und das nicht enden wollende Liebesgezwitscher der Vögel zu hören ist, dann kann uns schon ein Gefühl, ja fast ein tiefes Wissen ergreifen, dass die gesamte Natur und ihre Erscheinungen durch und durch beseelt sein muss und ein Eigenleben besitzt, an dem wir zwar teilhaben dürfen, das wir aber nicht bestimmen und beeinflussen können.
Was also ist naheliegender, als einzutauchen in die Welt der antiken Mythologie mit ihrer Vielzahl von sinnlich-göttlichen Naturgeistern, die ihre Lebensräume am Wasser, in Feld, Wald und Flur auf vitalste Weise singend und tanzend bevölkern?
Nymphen, oft in Begleitung von Satyren, lieben es, ungesehen und unerkannt zu verführen und zu verzaubern, wiewohl sie auch die Aufgabe haben, dem Menschen hilfreiche und wohltätige Naturgeister zu sein und ihnen vorsichtig und leise Einblick zu gewähren in das Eigenleben der Natur und ihres Nymphen-Daseins.

So menschlich-göttlich beseelt und bewegt eine jede Blume, ein jeder Baum, der Hain, die Wiese, die Aue, der Fluss, die Quelle, die Grotte, ja sogar der Stein in der tiefsten Wahrnehmung des antiken Menschen verankert ist, so deutlich sind diese Lebe-Wesen Bestandteil unseres menschlichen Seins an ihrem eigenen Ort und in ihrer eigenen Funktion. Immer

Küchenschelle

wieder begegnen uns in der griechischen Mythologie hohe und niedere Gottheiten, deren Sehnsüchte und Liebesbeziehungen zu Sterblichen, die damit verbundenen Enttäuschungen und die Rache aus Eifersucht sich in vielen Entstehungsmythen von Pflanzen niederschlagen.

Wir begeben uns nun in den Frühlings-Garten der Chloris, der Göttin der Blumen und Blüten. Dort finden wir auch die ihr nahestehende Anemone, eine ihrer Lieblingsnymphen. Zum Leidwesen der Göttin aber liebäugelt die hübsche Nymhpe mit ihren strahlenden Augen mit Chloris Gatten Zephyros, dem Gott des warmen Westwinds.

Als Zephyros in Liebe zu der hübschen Anemone entflammt, wird das göttliche Techtel-Mechtel der beiden von Chloris entdeckt und bestraft: sie verbannt die Nymphe kurzerhand aus Haus, Hof und Garten, um sie für Zephyros unerreichbar zu machen. Doch dieser lässt sich den Liebesentzug nicht gefallen und verwandelt die junge Angebetete in die zarte Blume **Anemone**, die sich nun leicht und anmutig und vor allem für immer in seinem Winde bewegt – das **Buschwindröschen**.

Wir alle kennen diese zarten Frühlingsboten, ob **Buschwindröschen** (*Anemone nemorosa*), **Leberblümchen** (*Anemone hepatica*) oder **Küchenschelle** (*Anemone pulsatilla*) aus der Familie der Hahnenfußgewächse (*Ranunculaceae*). In allen ist unsere zauberhafte Nymphe zu erkennen.

Und wenn wir diesen hübschen Gewächsen in Wald, Flur oder im Garten begegnen, dann wissen wir, dass sie ein beseeltes Eigenleben führen und nicht nur die Augen ansprechende Pflanzendekoration sind.

Buschwindröschen

In den Frühlingsmonaten werden die auffälligen und hübschen Zitrusgewächse mittlerweile fast massenhaft in Blumenläden, Gärtnereien, Gartencentern und auf Frühlingsmärkten angeboten: von kleinen handlichen Topf-Pflanzen für die Fensterbank bis zu stolzen Solitären in großen Terracotta-Kübeln, so, wie sie wohl in der Barockzeit in den Orangerien der europäischen Adeligen gestanden haben. Es ist ein ganz und gar betörender Anblick, wie sich in kräftigem Blattgrün und neben strahlend gelben und orangefarbenen Früchten anmutige weiße Blütchen hindurchschieben, die einen unvergleichlichen Duft verströmen.

Trotz der immergrünen und tendenziell dunkleren Belaubung haben **Zitruspflanzen** aus der Familie der Rautengewächse (*Rutaceae*) etwas Leichtes und Verspieltes. So ist es durchaus nachvollziehbar, wenn unsereins angesichts dieser schönen Pflanzen in Begeisterungsrufe ausbricht und sich nur zu gerne verführen lässt, eine oder auch mehrere davon auf den Balkon oder die Terrasse zu stellen.

Aber wissen Sie auch, welchen Schatz Sie sich da eingehandelt haben? Einen lebenden Pflanzen-Schatz, der auch entsprechend zuvorkommend und respektvoll behandelt werden möchte. Und obwohl wir heute in puncto Pflege und Lebensbedingungen recht viel über die Zitrusgewächse wissen, liegt doch auch etwas nicht ganz Unkompliziertes und leicht Geheimnisvolles über diesen Pflanzen. Wir wissen fast nichts über den Ursprung und die Herkunft dieser Pflanzenfamilie, die aber als Heil- und Duftpflanze und als angesehener Lieferant sehr vitaminhaltiger Früchte, längst einen Siegeszug um die ganze Welt angetreten hat.

Es wird vermutet, dass die Heimat der essbaren Zitruspflanzen und ihrer Vorläufer irgendwo in Südostasien zu suchen ist, möglicherweise in der Gegend um den

Prachtstücke aus fernen Welten – Die Zitruspflanzen

Himalaya, vielleicht auch der Malaiische Archipel. Eine sehr alte Erwähnung von Zitrusfrüchten finden wir in China bezüglich Tributzahlungen in Form von kleinen Mandarinen und Kumquats an den Herrscher Ta Yu, der etwa 2.000 v. Chr. regierte. Erst sehr viel später, um 200 v. Chr., finden sich in China Hinweise auf größere Mandarinen und Orangen.
Um 1.500 waren im Mittelmeerraum Zitronatzitrone, Zitrone, Limette, Pampelmuse und Bitterorange bekannt. Und noch etwas später hielt die süße Orange durch die portugiesischen Seefahrer und Eroberer Einzug in Portugal.

Dass die dekorativen Pflanzen mit ihren stark duftenden Blüten schnell zu äußerst begehrenswerten Pflanzen-Objekten des europäischen Hoflebens wurden, liegt auf der Hand. Und so kam es, dass für die wärmeliebenden Schönen eigene Gebäudeteile, sogenannte Orangerien, errichtet wurden, die im Winter beheizt werden konnten und das Überleben dieser besonderen Bäumchen garantierte.
Und was machen wir heute mit unseren großen oder kleinen Zitruspflanzen im Winter?

Die meisten Zitrusgewächse wollen eindeutig eine kühlere Jahreszeit. Temperaturen zwischen 5 °C und 10 °C sind optimal, wobei die Faustregel gilt: je wärmer desto heller. Dennoch kommen beheizte Wintergärten oder Wohnräume nicht in Frage. Helle, kalte Treppenhäuser oder kühle Kellerräume mit zusätzlichen Lichtquellen, gesteuert über Zeitschaltuhren, hingegen schon. Und seien Sie sehr vorsichtig mit dem Gießen im Winter. Tendenziell werden die Pflanzen eher trocken gehalten, denn andauernde Feuchtigkeit an den Wurzeln bei niedrigen Temperaturen richten mehr und viel schwerere Schäden an als ein zeitweiser Laubfall wegen Trockenheit.

Erst am Sommer-Standort – selbstverständlich in voller Sonne und am wärmsten Platz auf Ihrer Terrasse- wird mehr gegossen und regelmäßig gedüngt. Der Nährstoffbedarf unserer hübschen Zitruspflanzen ist hoch. Hellgrüne und gelbe Blätter sind ein Zeichen von Mangel.

Kalk im Gießwasser mögen unsere Pfleglinge auf Dauer auch nicht und deshalb ein ernsthafter Tipp für alle Zitrusfreunde: Düngen Sie öfter mit einem eisenhaltigen und zusätzlich auch organischen Dünger und entwickeln Sie mit dem Wachstum Ihrer Pflanze Fingerspitzengefühl – damit Ihr Prachtstück tatsächlich prächtig bleibt.

‚Germaine Bigot‘

‚Bowl of Beauty‘

‚Shirley Temple‘

Eine treue Aristokratin lässt grüßen – Die Pfingstrose

Wenn die großen gefüllten oder ungefüllten, schweren oder zarten, weißen, rosa, roten, lachsfarbenen, ja sogar gelben Blütenköpfe vor uns stehen, kommen man und frau kaum umhin, diese mit beiden Händen zu umfassen und das Gesicht in diese Fülle zu tauchen. Manche duften fein, andere eigenwillig und manche wollen nichts für unsere Nasen hergeben. Stattdessen machen sie um so mehr durch ihre Blütenblätter auf sich aufmerksam, die mal wie im charmant zerknitterten Seidenkleid, mal wie aus Wachs geformt, mal wie feinstes Porzellan erscheinen. Durchaus, eine königlich erhabene Schönheit!

Die **Pfingstrosen** (*Paeonia*) aus der Familie der Pfingstrosengewächse (*Paeoniaceae*) sind uns entweder als krautig ausdauernde Stauden oder in den letzten 10 Jahren mit rapide steigender Beliebtheit als verholzende Sträucher oder Halbsträucher bekannt. Die Pflanzen können sehr alt werden, lieben die Beständigkeit und wollen viele Jahre, nein Jahrzehnte an einem Gartenplatz verbringen. Es steigert ihre Schönheit und Wirkung, wenn man sie zwar gut pflegt, aber ansonsten einfach in Ruhe schön sein lässt. Mit zunehmenden Jahren an ihrem Garten-Standort wird ihr Blütenreichtum schöner und größer. Möglicherweise gelten die Pfingstrosen deshalb in China seit Jahrtausenden als Symbol von Glück und Reichtum.

Die Stauden unterteilen wir in zwei Gruppen, von denen die erste, die **Gemeine Pfingstrose** auch „Bauernpfingstrose“ (*Paeonia officinalis*) genannt, aus Europa stammt, seit langem in unseren Kloster- und Bauerngärten kultiviert wird und bereits in der Antike verehrt und als Heilpflanzen benutzt wurde. Der botanische Namen der Schönen weist auf den Wunder- und Götterarzt *Paion*, der mit Hilfe der Pfingstrose Pluto, den Gott der Unterwelt heilte, nachdem Herakles ihn verwundet hatte.

Seit etwa 200 Jahren ist bei uns auch die zweite Pfingstrosen-Gruppe, die **chinesische Staudenpfingstrose** (*Paeonia lactiflora*) bekannt. Ihre Wuchsform ist nicht so gedrungen wie die der Bauernpfingstrose, sondern länger gestreckt. Viele Sorten haben einen rötlichen Austrieb und zeigen auch nach der Blüte bis zum beginnenden Winter einen ausgesprochen schön gefiederten Blattschmuck.

Mittlerweile gibt es eine fast unglaubliche Sortenvielfalt der edlen Schönen für unsere Gärten. Nur Geduld müssen wir anfänglich mitbringen. Wer Pfingstrosen pflanzen, ihre Beständigkeit und Treue über viele Jahre erfahren will, der sollten ihnen einen gut aufbereiteten Gartenboden mit wenig Stickstoff (keinesfalls frischer Mist!) bieten und möglichst einen Platz in der Sonne.

Und bitte: pflanzen Sie diese rübenartigen, kräftigfleischigen Wurzeln nicht zu tief in den Boden! Wenn diese zu weit unten, im Dunkeln der Erde „eingekerkert“ sind und ihren Wurzelhals zu sehr recken und strecken müssen, versagt uns die Pflanze die Fülle ihrer Schönheit.

Die fruchtbaren Jungfern

Unverwechselbar anmutig, jungfräulich und zart liegen blaue, rosafarbene oder weiße Blüten in einem Kranz filigraner, haarförmig gefiederter und grüner Hochblätter. Die **Jungfer im Grünen** (*Nigella damascena*), auch **Gretchen im Busch**, **Braut in Haaren** oder die **Venushaarige** genannt, ist eine einjährige Pflanze aus der Familie der Hahnenfußgewächse (*Ranunculaceae*), die bis zu 50 cm hoch werden kann. Sie stammt ursprünglich aus dem östlichen Mittelmeerraum und ist als Gartenpflanze bei uns nachweislich seit dem 16. Jahrhundert bekannt. Unser Tübinger Botaniker Leonhart Fuchs erwähnt sie bereits 1543 in seinem „New Kreüterbuch" und nennt sie „Schwarz Coriander". Linné hat 1753 das lateinische Wort *nigellus* für schwarz in seiner botanischen Namensgebung im Gattungsnamen beibehalten. Der Artname *damascena* bedeutet aus *Damaskus stammend* und verweist auf die ursprüngliche Verbreitung der Pflanze.

Die durchsetzungsfähige, anspruchslose und reizvolle Jungfer war bereits 50 Jahre nach ihrem Einzug in den europäischen Raum ein weit verbreitetes und gerne angepflanztes Gartengewächs. Dass sie nie alleine auftritt, sondern gleich massenhaft ihre jungfräulichen Artgenossinnen um sich schart, läßt auf eine enorme Fruchtbarkeit schließen. Und in der Tat, wenn die ballonartige Samenkapsel sich in reifem Zustand wie Pergament anfühlt, bricht sie bei trockenem Wetter an fünf Nahtstellen auf und gibt bis zu 100 kleine schwarze und unregelmäßig geformte Samen frei.

Die Samen der ihr nahestehenden und sehr ähnlich sehenden Jungfern-Verwandten *Nigella sativa* werden schon seit Jahrtausenden als Gewürz und Heilmittel verwendet und im arabischen Sprachgebrauch aufgrund ihrer fruchtbaren Fülle als „segensreicher Samen" benannt. Im alten Ägypten bezeichnete man die kleinen schwarzen Samen, die auch im Grabe Tutanchamuns gefunden wurden, entsprechend ihres großen Wertes als „Das Gold der Pharaonen". Der uns geläufige Name **Schwarzkümmel** ist etwas irreführend, denn unser Jungferngewächs hat, botanisch gesehen, rein gar nichts mit dem Kümmel zu tun. Verwendet aber wird er im Nahen Osten und Nordafrika, in Indien und der Türkei wie der Kümmel als aromatisches Gewürz auf Broten und Gebäck und in Gewürzmischungen.

Auch in der Volksmedizin der islamischen Welt wird der Schwarzkümmel seit Jahrhunderten zur Behandlung der Atemwege und des Magens und Darms angewandt. Der Prophet Mohammed gar räumte ihm als Heilmittel in der Schriftensammlung

Hadith einen ungewöhnlich herausragenden Stellenwert ein: „Schwarzkümmel heilt jede Krankheit – außer den Tod."

Steigender Beliebtheit sowohl in der Naturheilkunde als auch in der Schulmedizin erfreut sich in den letzten Jahren das aus den Samen gepresste Öl. Es wird zur Linderung von Allergien, Schuppenflechte und anderen Hauterkrankungen eingesetzt und mittlerweile gibt es Versuche, die Wirkstoffe auch als ergänzendes Therapeutikum bei Chemotherapien anzuwenden. Kleine Samen – große Wirkung!

Eine ebenso große aber symbolische Wirkung hatte unser anmutiges Jungfernblümchen im 19. Jahrhundert als Blume der verschmähten Liebe. Ein unerwünschter Werber und Freier erhielt die Ablehnung seiner Angebeteten postwendend in Form einer oder mehrerer Jungfern-Blüten.

Wäre es nicht an der Zeit, diesen bodenständigen, hübschen und so fruchtbaren Jungfern im nächsten Sommer einen Sonnenplatz im Garten oder auf der Terrasse einzuräumen? Nur zu, denn es ist denkbar einfach und die Wirkung ist groß!

Die Krönung ist natürlich der Holunderblüten-Sekt. Geben Sie 700 g Zucker, den Saft mindestens einer Zitrone und etwa 40 Holunderblüten-Dolden ohne Stängel in einen geeigneten Behälter. Gießen Sie 7 l aufgekochtes und abgekühltes Wasser über die Mischung, die nun solange gerührt wird, bis der Zucker sich aufgelöst hat. Der Behälter bleibt nun abgedeckt, aber nicht verschlossen einige Tage am sonnigen Fenster stehen. Wenn die Perlchen aufsteigen, ist der Sekt fertig!
Wohl bekomm's!

Wenn der Holderbusch blüht

Wenn der Holunder blüht, dann ist es Sommer. Dann zeigt sich die ganze Natur von der üppigsten Seite, schmeichelt dem Auge mit größter Farbenvielfalt, feiert wahre Duftorgien und zieht nicht nur uns Gärtnerinnen und Gärtner in Bann. Jeden zieht's auf die eine oder andere Art hinaus.

Auffällig, wie selbstverständlich und überreich sitzen die zarten, elfenbeinfarbenen, doldig erscheinenden Blüten im kräftig grünbelaubten Gesträuch. Mächtig können die Holderbüsche in grünem Gras, an einer Holzschuppenwand, vor einer Steinwand, am Weges- oder Waldrand zwar werden, dennoch aber zeigen sie immer ein freundliches Erscheinungsbild. Und manchmal, vor allem während der Blüte, wirken sie gar, als ob sie mit ihren schwingenden und sich wiegenden Zweigen und flachen Blütenschirmchen eine schützende Funktion erfüllten.
Nicht umsonst hatte die germanische Göttin *Holder* oder *Holla* – wir kennen sie aus dem Märchen „Frau Holle" – ihren Göttersitz im Holunderstrauch gewählt.

Unser **Holunder**, auch Schwarzer Holunder genannt, heißt botanisch *Sambucus nigra* und stammt aus der Familie der Geißblattgewächse (*Caprifoliaceae*). Der bis zu 7 Metern hoch werdende Baum ist in ganz Europa und dem nordafrikanischen Raum beheimatet. Funde von Samen belegen, dass die Früchte bereits in prähistorischer Zeit von den Menschen gegessen und benutzt wurden. In der Antike wurden die farbintensiven Beeren nicht nur zum Färben der Haare genommen, sondern der ganze Holderstrauch, also Blätter, Blüten, Wurzeln und Beeren, galt als eine wichtige Heilpflanze.

Noch heute gelten Blüten und Beeren als ausscheidungsfördernd, blutreinigend, schweißtreibend und fiebersenkend.

Was aber macht uns den Holler jetzt und genau zur Blüte-Zeit so ausgesprochen sympathisch? Der frische, verführerische Blüten-Duft schlägt sich auch in unvergleichlichem Geschmack nieder und kann zu purer Gaumenfreude werden.
Für die einfach und schnell zuzubereitenden *Hollerküchle* machen Sie einen Pfannkuchenteig, tauchen die Blütendolden hinein und backen das Ganze in der Pfanne goldgelb aus. Die Stengelchen sollten Sie bitte nicht mitessen!

Eine Pflanze für intelligente Faule – Die Taglilie

'Helle Berlinerin'

Taglilien sind unglaublich anpassungsfähige Stauden. Ob ein Platz an der Sonne, im Halbschatten und im lichten Schatten, am Teichrand, unter Bäumen, an der Hauswand, ja sogar sommers wie winters im Kübel, in saurer oder kalkhaltiger Erde, an feuchtem oder trockenen Standort – unsere hübsche, genügsame *Hemerocallis* aus der Familie der Grasbaumgewächse (*Xanthorrhoeaceae*) ist ein ganz besonderes Allround-Talent.
Nicht umsonst hat der große Gärtner Karl Foerster sie als „Blume für intelligente Faule" bezeichnet. Derzeit stehen uns für den Garten weltweit rund 52.000 Taglilien-Sorten zu Verfügung. Sie weisen nicht nur ein, jeden Geschmack befriedigendes Farbspektrum über gelb, braunrot, rot, kirschrot, rosa, altrosa, lila, violett, crème und weiß auf, sondern können sich zudem in raffiniertem Zweifarben-Lock, mal zart gestreift, protzig gefleckt oder mit tiefgründig, dunklem Schlund zeigen. Die Form der Blüten gleicht tatsächlich, wie der Name es nahelegt, einer Lilie, feingliedrig oder aber auch derb trichterförmig. Die Wirkung ist entsprechend unterschiedlich. Die langen, linearen Laubblätter zeigen sich häufig gebogen und laufen zum Blattende spitz aus. Dies verleiht der Pflanze ein tendenziell elegantes, etwas grasartiges Erscheinungsbild. Die Wasser speichernden Wurzeln bilden Verdickungen, aus denen sich Rhizome herausschieben, die der robusten Pflanze zur Vermehrung dienen.

Obwohl die Einzelblüte der Taglilie nur einen einzigen Tag blüht – das griechische Wort *herméra* bedeutet

,Doc Holiday'

Tag und *kállos* Schönheit –, bildet sie doch über einen längeren Zeitraum ständig neue Blütenansätze aus. Ursprünglich fanden sich wilde Vorkommen von Taglilien von Kleinasien bis Ostasien. Vor allem in der Gartenkultur und traditionellen Medizin des alten China waren Blütenknospen und frische Schösslinge als wohlschmeckendes und wohltuendes Gemüse sehr geschätzt und wurden dort in der Literatur bereits vor unserer Zeitrechnung erwähnt. Bis heute existiert diese Tradition und man findet in der Volksrepublick China auf Gemüsemärkten getrocknete Taglilien-Blüten angeboten. Auch die grasartig krautigen Blätter finden Verwendung und werden in bestimmten chinesischen Provinzen zum Decken von Dächern traditioneller Wohnhäuser verwendet.

,Moonlit Masquerade'

Nach Europa kamen die Pflanzen im 16. Jahrhundert und waren damals nur mit zwei Arten bei uns bekannt und in der Literatur beschrieben. Jedoch entwickelte sich die Züchtung neuer Sorten und die Kreuzung verschiedener Arten im 19. Jahrhundert nahezu explosionsartig. Und heute ist ein Ende des Züchtungsbooms, vor allem in den USA, noch lange nicht abzusehen.

Will man in seinem Garten oder auf seiner Terrasse zwischen April und September unentwegt lilienblütige Farbtupfer genießen, dann kann man auf ein überaus eindrucksvolles und reiches Sortiment von klein- oder großblütigen, niedrigen, hohen oder halbhohen Pflanzen, Wild- und Zuchtformen, mit oder ohne Duft, zurückgreifen.

,Alice in Wonderland'

Es lohnt sich, an mehreren Garten-Plätzen, gleich verschiedene dieser unkomplizierten und hübschen Stauden mit unterschiedlichen Blühzeiten zu pflanzen. Denn an jedem neuen Tag gibt's auch ein neues Blüten-Geschenk!

Dominante Gehölze – Die Lorbeerkirsche

Sträucher sind neben Bäumen die Gerüst-Bildner unserer Gärten. Sie untergliedern große und übersichtliche Gartenräume in verschiedene kleinere, manchmal sogar versteckte Einheiten. In Form von Hecken grenzen sie ein und ab, sie verdecken unschöne Stellen, und ganz besonders die Immergrünen machen in grauen Wintermonaten den Blick durchs Fenster erfreulich.

Einer unserer schönsten immergrünen Sträucher mit dunkelgrünen, derb-ledrigen und oberseits glänzenden Blättern, die je nach Art und Sorte von 5 bis 20 cm lang sein können, ist die **Lorbeerkirsche** (*Prunus laurocerasus*), die von manchen auch als Kirschlorbeer bezeichnet wird. Allerdings hat der Strauch nichts mit dem Echten Lorbeer (*Laurus nobilis*) zu tun, auch wenn die Form der Blätter mitunter an das Gewürz-Lorbeerblatt erinnert. Unsere Lorbeerkirsche gehört zur Familie der Rosengewächse (*Rosaceae*) und ist, mit Ausnahme der schwarzen Früchte, giftig. Ihre Heimat liegt in Vorderasien und im Kaukasus. Für große Gärten gibt es je nach Funktion sehr wuchsfreudige Büsche, so die Sorten ‚Caucasia', ‚Herbergii' und ‚Rotundifolia', die ohne weiteres in einigen Jahren den Habitus und die Größe eines Baumes erreichen können. Ist wenig Gartenplatz vorhanden, so ist ‚Otto Luyken' geradezu ideal, da er etwas trichterförmig in die Breite wächst und in der Höhe gerade mal einen Meter schafft.

Alle Lorbeerkirschen bilden zwischen April und Juni sehr hübsche, weiße und duftende Blütenkerzen. Manche blühen im September noch einmal nach.

Unser immergrüner Strauch hat zwar nichts gegen einen vollsonnigen Standort, ist aber an einer solchen Stelle etwas anfälliger für Krankheiten und im Winter für Kahlfrost-Schäden. Er mag gerne den Halbschatten, einen gut gedüngten Boden mit deutlichem Humusanteil und will im Sommer nicht austrocknen. Und dies gilt ganz besonders für Lorbeerkirschen in Kübeln.

Dominante Gehölze – Der Buchsbaum

Der unschlagbare Garten-Liebling unter den immergrünen Gehölzen ist zweifellos der recht anspruchslose **Buchsbaum** (*Buxus sempervirens*) – und er war es bereits im Altertum. Die Perser und die Griechen kannten den Buxus, die Römer rahmten ihre Gartenbeete mit niedrigen Buchsbaum-Hecken ein und schon im 13. Jahrhundert beschrieb *Albertus Magnus* den Anbau des Buchsbaums in Deutschland. In den französischen und italienischen Schlossgärten der Renaissance und des Barock wurden in Form geschnittene Buchsbäume und -hecken zu einem typischen und unentbehrlichen Stilmittel der Gartenkultur. Diese Mode wurde von wohlhabenden Bürgern und Bauern nachgeahmt und so kommt es, dass vor allem die traditionellen Bauern- und Rosengärten noch heute mit Buchsbaum eingefasst werden.

Neben der Verwendung im Garten wird das schwere Buchsbaum-Holz bis dato in der Drechslerei verwendet. Kästchen und Dosen, Holzblasinstrumente und Schachfiguren werden aus diesem harten Holz gefertigt.

Der Buchsbaum wächst langsam. Sein Jahreszuwachs beträgt oft nur etwa 10 cm. Das macht das Gehölz verhältnismäßig teuer, denn es muss, bevor es zum Verkauf kommt, entsprechend lange vorgezogen und gepflegt werden. In der Regel ist dem Buchs in der Sonne oder im Schatten, ja selbst im Tübinger „Letten", ein langes Leben beschert. Der Strauch kann

bis zu 500 Jahre alt werden und gilt daher in China als Symbol für ein langes Leben.

Das langsame Wachstum und die kleinen Blätter verführen fast jeden Buchsbaum-Liebhaber dazu, sich im Form-Schnitt auszuprobieren. Meist kann man Kugeln, Kegel, Pyramiden, Gedrehtes, Geschwungenes und Figürliches schon vorgefertigt erstehen. Und zugegeben, diese ganze Formen-Vielfalt in Terracotta-Gefäßen oder ausgepflanzt kann hübsch und bei größeren Exemplaren auch sehr eindrucksvoll aussehen.

Aber ich, liebe Buchsbaum-Freunde, möchte Ihnen folgendes an Ihr großzügiges GärtnerInnen-Herz legen und eine Lanze für gänzlich unbeschnittene Buchs-Solitäre brechen. Nicht gegängelt und unkastriert verkörpern sie in fortgeschrittenen Jahren eine stille, unaufdringliche aber selbstverständliche Erhabenheit. Sie strahlen ein tief verinnerlichtes Baum-Wissen ganzer Gartengenerationen aus und ihre manchmal eigenwilligen aber ganz und gar harmonischen Wuchsformen lassen uns die Zeit-Geschichte der Gärten, in denen sie stehen, erahnen.

Also, legen Sie die Scheren weg und üben Sie sich in Geduld!

Zwei Weltenbummlerinnen – Der Klatschmohn und ...

Farbenprächtig standen sie einst am Rande der sommerlichen Kornfelder: die anmutigen Freundinnen **Kornblume** und **Klatschmohn**. Fast immer tauchten sie gemeinsam auf und wetteiferten ausgelassen, die eine in strahlendem Blau und die andere in feurigem Rot, wer von beiden wohl die schönste Wirkung im reifen, gelben Korn haben würde.

Doch wo sind unsere beiden charmanten Damen der Getreidefelder heute? Sind sie auf Nimmer-Wiedersehen verschwunden, oder haben sie ihre Auftritte einfach woandershin verlegt? Bereits im Neolithikum waren die beiden sogenannte Kulturbegleiter, die überall dort auftauchten, wo Ackerbau betrieben wurde. Und so begleiteten sie verlässlich und in ausgelassener Stimmung durch Jahrtausende und Jahrhunderte, Sommer für Sommer, Kornfelder und Menschen. Solange, bis Herbizide zum Einsatz kamen und den beiden Freundinnen ihre heitere Lebensgrundlage entzogen.

Die knallrote, meist einjährige **Mohnblume** (*Papaver rhoeas*), die im alten Persien die Liebe symbolisierte, gehört zur Familie der Mohngewächse (*Papaveraceae*). Auf langen, dünnen Stielen, die behaart und kaum verzweigt sind, erscheinen gefiederte, raue Blätter in blaugrüner Färbung. Am Ende der Stängel sitzen die ovalen Knospen, umhüllt von zwei, zunächst ganz geschlossenen, behaarten Kelchblättern. Diese fallen beim Öffnen der Blütenknospe ab und geben die zerknittert aussehenden und äußerst

fragilen, roten Kronblätter frei. Die zarte „Offenheit“ der Blüte ist schnell vorbei und es bilden sich bald die typischen Kapselfrüchte mit vielen ölhaltigen Samen. Die Pflanze enthält im Milchsaft der Blätter, Stängel und Blüten das schwach giftige Alkaloid Rhoeadin. Das Alkaloid Morphin, der Hauptbestandteil des Opiums, das im Blau- oder Schlafmohn (*Papaver somniferum*) vorkommt, ist im Klatschmohn nicht enthalten.

Nicht nur rote Tinte wurde früher aus den Blütenblättern hergestellt, sondern in Nordafrika – dem vermuteten Ursprungsland – auch Schminke. Mit dem Ackerbau hat sich unsere zerbrechlich wirkende Mohnblume über den gesamten Globus verbreitet und kann von uns zurecht als „Weltenbummlerin“ bezeichnet werden – zusammen mit ihrer Busenfreundin **Kornblume** (*Centaurea cyanus*) aus der Familie der Korbblütler (*Asteraceae*). Bereits der griechische Arzt *Hippokrates* nannte diese Blume Centaurea, weil der Sage nach der *Centauros* Chiron eine Wunde des Helden Achilleus mit einer Kornblume geheilt haben soll.

Knospen des Orientalischen Mohns

... die Kornblume

Auch unsere hübsche Kornblume ist meist einjährig. Sie bildet kräftig grüne, schmale, lanzettförmige Blätter, die spitz zulaufen, aus. Aber bereits zur Blütezeit verfärben sich viele der Stängelblätter hell- bis gelbgrün und werden so hinfällig, dass wir fast nur noch das strahlende, kräftige Blau der vorne dreifachgeteilten, röhrenartigen Randblüten wahrnehmen. Diese wirkungsvollen aber sterilen Attrappen dienen einzig dazu, die Aufmerksamkeit der Insekten zu erregen, die dann die innen liegenden Körbchenblüten bestäuben.
Obwohl die ungiftige Kornblume über lange Zeit in der Volksmedizin gegen Entzündungen und Hautreizungen angewandt wurde, konnte ihr letztlich keine Heilkraft nachgewiesen werden.

Unsere reizende „blaublütige" Freundin war früher nicht nur eine verlässliche und gerngesehene Begleiterin der Getreidefelder und ihrer Freundin Klatschmohn, sondern galt im 20. Jahrhundert wie sie, als ein ausgesprochen hartnäckiges Ackerunkraut. Der Ruf der beiden Freundinnen sank. Allenfalls in verschiedenen Kosmetika genoss diese blaue Blume noch ein gewisses Ansehen. Erst mit dem Aufleben der Öko-Bewegung und der Forderung nach biologisch angebautem Getreide, erlebte die Kornblume ein Comeback und wurde zu einer Art Symbol für naturbelassene Lebensmittel.

Von ihren ursprünglichen Standorten verdrängt und hie und da noch auf Schutthalden, Ödflächen oder Wegerändern zu finden, gibt es heute sowohl von der Mohn- als auch von der Kornblume ausgesprochen hübsche Gartenformen, die uns, jenseits der Getreidefelder, eine wahre Renaissance der beiden eng verbundenen Freundinnen in unseren Gärten bescheren könnte.

Vergessenes Würz- und Heilkraut – Die Eberraute

Neuerdings in die Kategorie der „Duftkräuter" eingereiht und ihres typischen Duftes wegen auch als Coca-Cola-Strauch bezeichnet, taucht die **Eberraute** nicht gerade häufig und meist nur in speziellen Gärtnereien oder bei Liebhabern und Sammlern ausgefallener Gewürzkräuter auf. Dabei kann die aromatische Eberraute (*Artemisia abrotanum*) aus der Familie der Korbblütler (*Asteraceae*) auf eine sehr lange Vergangenheit als äußerst beliebtes Würzkraut und wirkungsvolles Heilkraut zurückblicken.

Bereits in der Antike wurde die Pflanze, wie auch ihre mindestens ebenso wirksamen und bitter schmeckenden Verwandten Wermut (*Artemisia absinthium*) und Beifuß (*Artemisia vulgaris*) als wichtiges Würz- und Arzneimittel verwendet. Der ausgeprägt bittere Geschmack kommt von den Inhaltsstoffen Absinthin und Rutin, welche neben anderen wirksamen Stoffen die Gallensekretion anregen und eine wohltuende Wirkung auf das gesamte Verdauungssystem haben.

Eine andere starke Wirkung, die uns den eindeutigen Bezug zur botanischen Namensgebung Artemisia verdeutlicht, ist die abführende Wirkung und das mögliche Auslösen von Kontraktionen des Unterleibs.

Im Mythos von der Geburt der Göttin Artemis und ihres Zwillingsbruders Apollon lag deren Mutter, die von Zeus geschwängerte Leto, neun Tage in den Wehen, bis sie endlich einen Platz zum Gebären auf einer schwimmenden Insel finden konnte. Der Sage nach kam Artemis als erste zur Welt und konnte dadurch ihrer Mutter bei Apollons Geburt behilflich sein. Und so riefen die Frauen der Antike vor ihrer Niederkunft die Göttin Artemis um eine leichte Geburt an.

Auch im Mittelalter war die appetitanregende und verdauungsfördernde Eberraute als Küchenkraut sehr beliebt und wurde hauptsächlich zum Würzen von fetten Fleischspeisen verwendet. Wann und warum das Kraut letztlich aus den Küchen verschwunden ist, und ähnlich dem Lavendel nur noch als Motten vertreibendes Duftmittel in Kleiderschränke gelegt wurde, ist heute nicht mehr nachvollziehbar.
Unsere Eberraute mit ihrem fein nach Zitrone duftenden Laub hat übrigens nichts mit einem Eber zu tun. Das Wort leitet sich vermutlich entweder von dem Wort „aber" ab, das für falsch steht oder ist möglicherweise eine Verballhornung des griechischen *habrotanon*, von dem sich der lateinische Artnahme der Pflanze ableitet.
Der filigran beblätterte und sehr reizvolle Halbstrauch passt hervorragend in unsere Gärten oder auch in schöne Tongefäße auf Balkon und Terrasse. Allerdings muss die Eberraute wie eine Staude im Frühjahr ganz zurückgeschnitten werden, damit sie sich mit dem neuen Austrieb wieder mit ihrem ganzen Charme in ihrem grau-grünen Blätterkleid zeigen kann.

Für Liebhaber würziger Fleischspeisen empfiehlt sich, hin und wieder vorsichtig mit den frischen Blattspitzen in der Küche zu experimentieren: als mehr oder weniger dominante Würze zu stark oder zart schmeckendem Fleisch oder als Bestandteil eines *bouquet garni*, das zusammen mit anderen stark aromatischen Gewürzen für vielerlei Gerichte Anwendung finden kann.
Bon apetit!

Vom Pflanzen-Eigensinn

Die Pflanze gleicht den eigensinnigen Menschen,
von denen man alles erhalten kann,
wenn man sie nach ihrer Art behandelt.

Johann Wolfgang Goethe

Gibt's das, fragen Sie vielleicht, eigensinnige Pflanzen? Bei uns Menschen scheint es klar zu sein und ganz gewiss gehören wir ja selbst dazu: man darf mich nicht zu sehr ärgern, sonst mache ich nicht mehr mit. Ich will morgens nur einen Kaffe und nichts zu essen. Ich brauche meine Freiräume. Ständiges Genörgle macht mich grätig. Ich möchte Abstand zu meinem Nachbarn. Erst bei schönem Wetter kann ich mich entfalten ... Die Aufzählung ließe sich beliebig verlängern. Und in der Tat, jeder Mensch hat seine ganz eigene und unverwechselbare Art, die er von anderen beachtet haben möchte.

Grade so ist es mit den Pflanzen. Doch was für uns menschliche Wesen klar und eindeutig erscheint, ist für so manchen doch etwas schwieriger aufs Pflanzenreich zu übertragen. Aber auch hier ist es eigentlich ganz einfach. Denn erinnern Sie sich noch an Ihre eigenen Klagelieder im letzten Sommer über Pflanzen, die nicht wachsen wollten, Blätter die gelb wurden oder Blumen, die zu wenig oder keinen Blütenansatz zeigten? Vielleicht haben Sie auch Ihren Garten-Nachbarn oder Ihre Freundin gefragt, wie Sie Abhilfe schaffen und was Sie anders machen könnten. Oder Sie haben in einem Buch und im Internet nachgelesen, was zu beachten ist, wenn man und frau eine bestimmte Pflanze im Garten oder in einen Kübel pflanzen will. Und ich meine, weiter so! Dies ist genau der richtige Weg. Informieren Sie sich und zwar bevor Sie eine Pflanze kaufen und pflanzen. Hauptsächlich sind dabei zwei Fragen zu beachten. Welchen Standort, (Sonne, Halbschatten oder Schatten) benötigt die Pflanze? Wie muss der Boden (locker, schwer, feucht, trocken, sauer oder alkalisch) für diese spezielle Pflanze beschaffen sein?

Wenn Sie, ohne sich zu informieren, nur „nach den Augen" kaufen, besteht die Gefahr, dass die Freude kurz und die Enttäuschung vorprogrammiert ist. Ich möchte dies gerne am Beispiel der, oft nicht ganz winterharten, aber eindrucksvollen pinkfarbenen und blauen **Hortensien** (*Hydrangea macrophylla*) verdeutlichen. Seit einigen Jahren sind diese aristokratisch wirkenden Sträucher sehr in die Pflanzen-Mode gekommen und können sowohl ausgepflanzt ganze Gartenbereiche als auch in dekorativen Kübeln Terrassen und Balkone augenfällig verschönern.

Schon bald aber müssen wir feststellen, dass die einstmals klaren und kühlen Farben der Blütendolden, die weniger aus kleinen unscheinbaren Blüten, als aus großen Schaublüten mit farbigen Kelchblättern bestehen, zusehends verblassen und die Reinheit der Farbe schwindet. Dies hat zunächst damit zu tun, dass beim Verblühen der Hortensie die Farbtiefe sowieso nachlässt. Wenn aber spätestens mit dem nächsten Blütenansatz im darauffolgenden Jahr sichtbar wird, dass aus dem ehemaligen Pink ein Altrosa und aus dem kräftigen Blau ein verwaschenes Rosa-Lila ohne die vorherige Leuchtkraft geworden ist, dann liegt ein Grund in der zu alkalischen Erde und dem zu kalkhaltigen Gießwasser, das auch die Blätter verblassen und ausbleichen lässt. Denn diese Pflanze möchte vorzugsweise nicht nur einen halbschattigen Standort, sondern sie braucht unbedingt saure Erde und sollte deshalb möglichst auch mit Regenwasser gewässert werden.

Übrigens, für das Blau der Hortensie ist Kalialaun (Kaliumaluminiumsulfat) verantwortlich, das als im Handel erhältliche Substanz mit in den Boden oder den Topf gebracht werden muss, damit die Pflanze nicht rosa wird sondern blaufarben bleibt.

Und damit die vornehme Hortensie im nächsten Jahr wieder Blütenknospen ausbildet, dürfen lediglich die vertrockneten Schaublüten abgeschnitten werden. Denn Blütenansätze bilden sich nur am vorjährigen Holz. Auch hier kennt unsere kühle Schöne keine Toleranz.

Geben wir ihr, was sie braucht! Dann wird sie uns auch weiterhin mit ihrer eleganten Eigenheit erfreuen.

Lavendel – Rosmarin – Salbei

Ein Hauch von Macchia-Duft im eigenen Garten

Wer kennt und liebt sie nicht, die immergrünen Halbsträucher und Heilkräuter aus der Pflanzenfamilie der Lippenblütler (*Lamiaceae*) mit ihrem stark aromatisch duftenden Laub?
An heißen Tagen verströmen die Blätter schon bei leichter Berührung ihre ätherischen Öle in verschwenderischer Fülle und in ihren Blüten sind Bienen und Hummeln Dauergäste.
Der Echte Lavendel (*Lavandula angustifolia*) stammt ursprünglich aus dem westlichen Mittelmeergebiet. Inzwischen ist er seit langem bei uns eingebürgert und nahezu in jedem Garten zwischen Rosen, als Beeteinfassung oder auch als Kübelpflanze auf vielen Terrassen zu finden. Er überlebt selbst im Topf einen garstigen Winter. Trotzdem gibt es um den Lavendel seit einigen Jahren eine zunehmende Verwirrung. Ist er nun winterhart oder nicht?

Neben dem hübschen **Schopflavendel** (*Lavandula stoechas*), dessen Blütenähre recht kurz ist und ein wenig borstig wirkt, und der bei uns keinesfalls winterhart ist, taucht vor allem in Gartencentern und großen Gärtnereien mit steigender Tendenz und bestechender Üppigkeit der **Speik-Lavendel** (*Lava-*

ndula latifolia) auf. Dieser hat zwar in der Farbe das gleiche graugrüne Laub wie unser Echter Lavendel, seine Blätter aber sind größer und breiter, der Busch ist voluminöser und schneller wachsend. Er blüht etwas später. Der Stiel auf dem die Blütenähre sitzt, ist wesentlich länger. Und genau dieser, immer beliebter werdende Lavendel ist in kalten Wintern bei uns mitnichten winterhart. Die Kombination von Frost und unerbittlicher Wintersonne kann dem Speik-Lavendel schnell und gründlich den Garaus machen.

Beiden Lavendelarten wird eine antiseptische und beruhigende Wirkung nachgesagt. Das würzig duftende Lavendelöl wird noch heute in Südfrankreich mittels Schleppdestillation hergestellt und in ganz Europa vermarktet. Bei uns ist es seit langer Zeit üblich, die getrockneten Blütenähren als Mottenschutz und Duftmittel zwischen Kleider und Wäsche zu legen.

Auch der smaragdgrüne **Rosmarin** (*Rosmarinus officinalis*) ist ein typisches Mittelmeergewächs und bevorzugt, wie sein Familienmitglied Lavendel, einen sonnigen und trockenen Standort. Und auch er ist in strengeren Wintern bei uns nicht winterhart. Eine Voraussetzung jedoch, dass wir Pflanzenliebhaber ihn auch in „normalen“ Wintern über die

Runden bringen, ist, ihn vor der Winter-Feuchte im Wurzelballenbereich zu schützen. Am besten vor eine Mauer oder Hauswand gepflanzt, machen wir ihm eine gute Drainage, indem wir der Gartenerde viel Sand oder feinen Kalksplitt beimischen. Und wenn wir ihn dann noch in den Monaten Januar und Februar mit Reisig, Stroh oder ähnlichem einpacken und uns zudem eine Portion Glück hold ist, könnte uns diese Gewürzpflanze eine gute Zeit lang im Garten erhalten bleiben. Die Blütezeit setzt im Verhältnis zu Lavendel und Salbei früh ein. Für die Liebhaber der

*Und hier noch eine Köstlichkeit für das nächstes Gartenfest:
Für die aus dem Oberschwäbischen stammenden Salbeimäusle benötigt man frische Officinalis-Salbeiblätter mit Stiel. Mit ca. 100 g Mehl, einem 1/8 l Weißwein oder Bier, einem halben Teelöffel Hefe und einer Prise Salz wird ein eher flüssiger Teig angesetzt. Wenn er Blasen wirft werden die Blätter einzeln in den Teig getaucht und in Butter knusprig ausgebacken. Salzen oder Zuckern je nach Gusto!*

französischen und italienischen Küche ist der Rosmarin vielfältigst verwendbar und als Küchengewürz nicht mehr wegzudenken.

Einen ganz besonderen Heilpflanzen-Charakter weist der Echte oder **Garten-Salbei** (*Salvia officinalis*) auf. Sein Gattungsname leitet sich aus dem Lateinischen *salvare* = heilen ab. Dieser würzig riechende, graugrüne Busch mit seinen samtig-rauhen Blättern könnte nicht nur ein wichtiger Bestandteil unserer Hausapotheke – beispielsweise zum Gurgeln gegen Halsschmerzen – sondern auch eine ganz entscheidende Bereicherung unserer Küche in Form von *Saltimbocca* und *Salbeimäuschen* sein.

Für den Garten gibt es mittlerweile sehr hübsche weinrote, weiß und gelb panaschierte Sorten des Officinalis-Salbeis, die mit ihren silbrig überhauchten Blättern ausgesprochen charaktervolle Gewürzsträucher in unseren Gärten sind.

Im Reich der Gräser

Grässlich – ein Garten ohne Gräser!

Karl Foerster

Bambus Phyllostachys

Es war zweifellos der große Garten-Lehrmeister und Garten-Philosoph Karl Foerster, der in geduldiger Pionierarbeit das ganze Spektrum der eindrucksvollen und zauberhaften Ziergräser salonfähig für den Garten machte. Er bezeichnete Gras als „das Haar der Erde" und sorgte dafür, dass es über den „geschorenen Zustand" (= Rasen) hinaus schillernd, leuchtend und strahlend Einzug in unsere Gärten halten durfte.

Und er hat es geschafft, meine ich, denn mittlerweile können Sie problemlos Gräser in jeder gut sortierten Staudengärtnerei und in vielen Gartencentern erstehen. Doch gibt es unter unseren Gartenfreunden noch immer „Grasmuffel", die den Reiz einer *Marbel*, *Binse*, *Segge*, *Schmiele* oder eines *Schwingels* nicht erkennen wollen und an den Horsten von Halmen vornehmlich das Flatterhafte und manchmal auch etwas Unordentliche sehen.

Wussten Sie, dass Gras die nützlichste Pflanze dieses Erdenrunds ist, ohne das wir kaum existieren könnten? Die Samenkörner von Reis, Weizen, Gerste, Roggen, Hafer, Hirse, Mais und noch viel mehr sind Grund- und Hauptnahrungsmittel für uns Menschen und auch als Tierfutter von größter Bedeutung. Mit dem Stroh deckte man früher Dächer, fertigte Schuhe und Kopfbedeckungen. Der Riesenchinaschilf wird heute als Grundstoff für Biokunststoffe genutzt und dient als Baumaterial für Wände und Böden. Und denken Sie an den Bambus. Er ist das größte Gras im Gräserreich. Seine zarten, frischen Spitzen werden in

Südost-Asien täglich gegessen und die langen, biegsamen und sehr stabilen Halme dienen als perfekte Baugerüste.

Doch zurück zum Garten. Falls Sie der Meinung sein sollten, dass Gräser im Sommer halt grün sind, dann muss ich energisch widersprechen. Es gibt längsseitig grün-gelb gestreifte Seggen, das quergestreifte Stachelschweingras ‚Strictus', den stahlblauen Blaustrahlhafer ‚Saphirsprudel', das rostrote Blutgras ‚Red Baron', das leuchtend rotgoldene Japan-Goldbandgras ‚Aureola' und das rote Lampenputzergras ‚Rubrum'.

Lampenputzergras ‚Rubrum'

Miscanthus ‚Stricus'

Sie können Gräser fast überall problemlos pflanzen und halten: im Steingarten als kleine Polster und Ruhepol für die Augen und in verschiedenen Höhen und Größen im Staudengarten. Vor der Hauswand und vor Mauern verbinden und vermitteln sie zwischen rivalisierenden Stauden. Als Hintergrund oder Einrahmung für Gartenplastiken sind sie geradezu ideal. Als Teichrandbepflanzung sind sie ein Muss.

Als Solitäre sind die Riesengräser unschlagbar eindrucksvoll und oft der ganze Stolz ihrer Besitzer. Als transparenter Sichtschutz, ähnlich einer Gardine vor einem Fenster, zeigen sie sich diskret „schleierhaft" und wiegen sich graziös im leichten Wind. Nur bei kleineren Platzverhältnissen sollten Sie unbedingt

Hafer und Fuchsschwanzgras

Weizen

darauf achten, dass Sie nichtwuchernde Gräser auswählen.

Für alle Standorte gibt es geeignete Gräser. Und für diejenigen unter Ihnen, die keinen Garten, sondern lediglich ein kleines Pflanzenparadies auf einer Terrasse oder einem Balkon haben, möchte ich ganz ausdrücklich sagen: Gräser sind bestens geeignet für Töpfe, Kübel, Schalen und Wannen, denn sie sind – mit wenigen Ausnahmen – anspruchslos und überaus anpassungsfähig.

Und noch etwas, was ganz entschieden für Gräser in Gärten und öffentlichen Anlagen spricht: viele von ihnen zeigen sich im Herbst in auffälliger Erscheinung und in ihren trockenen Blüten oder Samenständen glitzern silbern die Wassertropfen und samtig-weiß der Raureif-Überzug im Winter.

vorne: Stipa ‚Lemperg', hinten: Calamagrostis x ‚Karl Foerster'

Es gibt eine ganz besondere Zeit im Gartenjahr, in der sich ein absolutes, unverrückbartes und vollkommenes Natur-Schauspiel von Blütenformen, Farben und Düften ereignet: die Zeit der Rosenblüte. In dieser Hoch-Zeit zelebrieren seit einigen Jahren Liebhaber, Interessierte, Kenner und Spezialisten eine Art Kult zu Ehren der „Königin der Blumen".

Was aber wissen wir über die Herkunft unserer Blumen-Königin, ihre frühe Existenz und den Einzug in unsere Gärten?

Haben wir eine Vorstellung davon, dass der größte Teil unserer heute etwa 12.000 Rosensorten letztlich von nur einem guten Dutzend Wildrosen abstammt, die über viele Jahrhunderte kultiviert und dann in den europäischen Raum eingeführt wurden? Oder, dass die ersten Rosenkulturen bereits vor 3.000 Jahren in China, Kaschmir, Persien und Syrien zu finden waren?

Im antiken Griechenland genoss die Rose eine hohe kultische Bedeutung. Als Symbol der Liebe, Schönheit und Reinheit wurde sie nicht nur Aphrodite zugeordnet sondern entstand im Entstehungsmythos zugleich mit ihr: als Aphrodite aus dem Schaum des Meeres geboren und ans Ufer gespült wurde, verwandelte sich der Schaum um ihre Hüften in weiße Rosen. Und als die Göttin zu ihrem sterbenden Geliebten Adonis eilte, trat sie in die Dornen von Rosen. Aphrodites Blut färbte die bis dahin ausschließlich weißen Blüten

Remontantrose 'Reine de Violettes'

Die alte Welt unserer Gartenrosen

rot. Und von nun an stand die weiße Rose für die Reinheit der Liebe und die rote Rose für Sinnlichkeit, Leidenschaft und Begierde.

Auch im Römischen Reich war die Rose mit Venus, der Göttin der Liebe, verbunden. Bald aber wurde sie zudem zum Zeichen von Wohlstand und Reichtum. Nicht nur heimkehrende Kriegshelden wurden mit Rosenkränzen geehrt. Bei ausgelassenen Festen und Gastmahlen überschütteten Sklaven die anwesenden Gäste mit duftenden Rosenblüten. Räume wurden mit Rosengirlanden dekoriert, Kissen mit getrockneten Rosenblüten gefüllt, Wein und Speisen und sogar öffentliche Bäder damit parfümiert. Die anfänglich nur privaten Rosengärten konnten die stetig steigende Nachfrage an Blütenblättern nicht mehr befriedigen, sodass in Paestum, südlich von Neapel, Olivenbäume ausgerissen, Getreidefelder umgepflügt und offizielle Rosenplantagen auf Kosten der Nahrungsmittelproduktion geschaffen wurden.

Rosa gallica ‚Versicolor'

Um Rom herum wurden sogar durch Warmwasser beheizte Gewächshäuser errichtet, nur um eine zweite Rosenblüte zu erhalten und auch im Herbst und Winter im Luxus duftender Rosenblüten leben zu können. Es war der Lyriker *Martial*, der im Jahre 81 n. Chr. diese dekadenten Erscheinungen in seinem Land folgendermaßen kommentierte: „Sendet uns Korn, ihr Ägypter, wir werden euch Rosen dafür schicken!" Doch auch in Ägypten waren aufgrund der übermäßigen Nachfrage bereits riesige Anbauflächen von Rosen entstanden und statt Getreide wurden ganze Schiffsladungen teurer Rosenblüten nach Rom geschickt. Dieser Rosenblüten-Luxus mündete letztlich in der sprichwörtlichen römischen Dekadenz und fand im dritten Jahrhundert n. Chr. seinen Höhepunkt angeblich darin, dass Kaiser *Hegiogabal* sein Gäste mit einer solchen Menge an Blütenblättern überschütten ließ, dass einige sogar darin erstickten.

Ob unsere ersten Gartenrosen schon mit den Römern oder erst im frühen Mittelalter mit den Mönchen von Südeuropa über die Alpen kamen, kann nicht nachgewiesen werden. Letztlich aber scheint es mir sehr plausibel, dass die gewohnheitsorientierten Römer neben Wein und Walnüssen eben auch eine ihrer wichtigsten Kultpflanzen mit in unser Ländle brachten. Erwiesenermaßen waren es im 6. Jahrhundert die Benediktinermönche, die für eine nicht unerhebliche Verbreitung der roten Essig-Rose (*Rosa gallica*)

Rosa damascena ‚Trigintipetala'

und der Weißen Rose (*Rosa x alba*) in ihren Klostergärten gesorgt haben.

Mit Hilfe dieser botanisch versierten Mönche ordnete *Karl der Große* in einer „Landgüterverordnung" an, welche 90 Gemüse-, Heil- und Zierpflanzen Vorrang erhalten und in seinen Krongütern angebaut werden sollten. An zweiter Stelle erwähnte er die Rosen.

Dies war der Anfang der Rosenkultur und auch der Rosenzucht im mitteleuropäischen Raum und somit der Beginn des unvergleichlichen Siegeszuges einer stachligen Schönheit durch unsere Gärten.

Rosa damascena ‚Leda'

Rosa damascena ‚Leda'

Englische Rose ‚Charles Austin‘

Chinarose ‚Fortunes Double Yellow‘

Das Geheimnis der gesunden Rose

Nicht nur in Gärtnereien, Baumschulen und Gartencentern können wir zur Zeit der Rosenblüte die feinsten, lieblichsten, romantischsten und am besten duftenden Rosen-Individuen finden, sondern auch bei den alljährlich wiederkehrenden Ausstellungen, Märkten, Festen, Führungen und ähnlichen Events rund um die Rose. Häufig spielt beim Kauf einer Rose weniger der Wunsch nach einer bestimmten Sorte für einen bestimmten Gartenplatz oder den Kübel eine Rolle, sondern viel mehr unterliegen wir nur allzu gerne der Verführung durch Charme und Schönheit einer geöffneten Rosenblüte, die sich gerade vor unseren Augen und Nasen befindet.

Stellen Sie sich vor, Sie haben einen solchen Pflanzen-Schatz erstanden, ihn sorgsam nach Hause gebracht und wollen nun pflanzen. Vielleicht hat Ihnen der Verkäufer auch eine Pflanzanleitung in die Hand gedrückt, auf der meist unschwer zu erkennen ist, dass die Veredelungsstelle nach dem Pflanzen unterhalb der Erdoberfläche sein soll. Gut, denken Sie, das kriege ich hin. Schon beim Graben entgeht Ihnen nicht, dass unser Tübinger „Letten" besonderen Widerstand leistet, im feuchten Zustand zäh und klebrig und im trockenen Zustand hart wie Beton ist. Na, denken Sie, ich muss ja nicht tief graben. Es reicht doch, wenn das Pflanzloch ein wenig größer als der Topf ist. Doch halt! In diesem Moment würde Ihre neu erstandene Schönheit laut aufschreien, so sie es könnte.

Folgende Begebenheit soll Ihnen verdeutlichen, welche Bedürfnisse und Ansprüche die Rose als tief wurzelndes Gehölz an den Boden, in welchem sie schließ-

Moderne Rose ‚Jacqueline du Pré'

lich ihr ganzes Leben verbringen muss, hat. Bekommt sie nicht was sie braucht, wird sie krankheitsanfällig und leidet ihr Leben lang.

Als ich vor über 20 Jahren meinem Gartenlehrmeister das erste mal bei seiner Arbeit begegnete, sah ich ihn mit einer Kundin und weit ausholenden Armbewegungen inmitten seiner Rosen stehen. Gestikulierend und mit eindringlichen Worten gab er ihr seine Pflanzanleitung preis: „Sie müssen ein mindestens ein Meter tiefes Loch graben und beste, lockere Erde einfüllen. Gehen Sie jetzt nach Hause und machen Sie das – oder vielleicht noch besser: Ihr Mann soll das tun – und dann kommen Sie wieder und holen Ihre Rose.“ Nach einer gewissen Zeit hatte er es sich weniger mit den Damen, aber mit fast allen Ehemännern seiner Kundinnen verscherzt. Doch die Rosen, die nach seiner Anleitung gepflanzt wurden, sind noch heute an Üppigkeit, Schönheit und Widerstandsfähigkeit nicht zu übertreffen.

Noch eine Anmerkung zum Duft der Rosen. Mancher Liebhaber fragt sich an bedeckten Tagen zurecht,

Rosa moschata ‚Buff Beauty‘

wo denn der, in der Literatur oder im Katalog so viel gepriesene Duft bliebe.
An trüben und kühlen Tagen werden wir fast vergeblich an den Blüten schnuppern. Nur die pure Sonne, das ungefilterte Licht ohne die Schwere der diffusen und von Feuchtigkeit gesättigten Strahlung bewirkt die Preisgabe der zarten, süßen, fruchtigen oder schweren Düfte der Königin der Blumen.

Doch auch die Tageszeit kann von Bedeutung sein und noch entscheidender ist die Blühzeit. Denn so, wie die Rose ihre Farbe im Laufe ihres Aufblühens verändert, wandelt sie ihren Duft auf dem Weg von der Knospe zum Verblühen.

Übrigens, auch die Bodenbeschaffenheit und die Lage tun, wie beim Wein, ihr Übriges. Aber eine solche Analyse können wir getrost den Spezialisten überlassen, denn hierbei kann's auch etwas blümerant werden. Uns reicht's, wenn wir an klaren, warmen Tagen und sonnigen Stunden unsere Nasen im positiven Sinne, voll von diesen besonderen Düften haben dürfen!

Rosa moschata ‚Penelope'

Nixengeflüster im Seerosen-Teich

So kann's dem habgierigen Lustmolch gehen, der die reine, jungfräuliche Seerosenblüte pflücken und besitzen will: kaum schickt er sich schwimmend und zappelnd an, die strahlende Schöne im Wasser zu knicken, umschlingen ihn auch schon die langen seilartigen Stängel, fesseln ihn und ziehen ihn als Strafe in die Tiefe des trüben Gewässers.

Durch die Jahrhunderte berichten viele Geschichten und Legenden, dass Nixen die schöne Wasserpflanze schützen und sich an jedem, der sich an ihr vergehen will, auf diese Weise rächen. Und in der Tat können die elastischen und sehr stabilen Stängel-Seile der Seerosenblätter einen Schwimmer das Fürchten lehren, wenn er sich mit seinen Beinen in ihnen verheddert.

Die **Weiße Seerose** (*Nymphea alba*) aus der Familie der Seerosengewächse (*Nymphaeaceae*) ist ein besonderes Schmuckstück unserer Seen und Teiche und kommt wild in beinahe ganz Europa bis östlich des Urals vor. Die bis zu 25 cm großen und schildförmigen Blätter liegen elegant auf der Wasseroberfläche und passen sich perfekt jeder Wasserbewegung an. Die Blattoberfläche ist durch eine Wachsschicht geschützt, sodass Regentropfen abperlen oder darüberschwappendes Wasser sofort abfließt. Spaltöffnungen und weitmaschige Lufträume im Blattgewebe ermöglichen, dass „Atemluft" aufgenommen und durch Luftkanäle im Blattstiel in die Wurzel, ein dickes knotiges Rhizom, weitergeleitet wird. Auf diese Weise kann sich unsere Nymphea selbst im modrigen und sauerstoffarmen Wasser aufs Schönste entfalten. Nicht nur ein Augen-Schmaus kann die strahlende Schöne sein. Früher wurde in Notzeiten die Wurzel ausgegraben, dann getrocknet und gemahlen. Das Mehl wurde mit Getreidemehl gemischt und zum Brotbacken verwendet. Und in Asien werden heute noch manche Seerosenwurzeln geerntet und zu einem stärkehaltigen und süßlich schmeckenden Nahrungsmittel verarbeitet.

Die Seerosenblüte ist ein Kind der Sonne. An Sonnentagen öffnet sie hingebungsvoll ihre weißen Kronblätter mit den innenliegenden, strahlend goldgelben Staubblättern. Neigt sich der Tag dem Ende zu, verschließt sich die Schöne diskret und wird dann, wieder wie in der Knospenform, unscheinbar. Auch bei Regenwetter verhüllt sie sich gänzlich.
Es versteht sich fast von selbst, dass diese schöne, eigenartige und besondere Pflanze mit ihren strahlend weißen Blüten bereits im Altertum ein Symbol der Reinheit und Keuschheit war. Sowohl Plinius der Ältere als auch der Arzt Dioskurides waren überzeugt davon, dass der Verzehr von Blüten, Samen oder Wurzeln wollüstige Träume vertreibe.

Und heute? Heute gibt es eine Vielzahl von Artenkreuzungen und Sortenzüchtungen von Seerosen unterschiedlichsten Ursprungs. Für jede Wassertiefe im heimischen Teich gibt es wunderschöne Farben – von reinweiß bis dunkelbordeaux, neuerdings auch apricot und lachs. Und diese Träume sollten Sie nicht vertreiben. Denn die sind sogar käuflich!

Die Hoch-Zeit des Sommerflieders

In welchem Garten steht er nicht, der **Schmetterlingsstrauch** (*Buddleja davidii*) aus der Familie der Braunwurzgewächse (*Scrophulariaceae*)?
Im Hochsommer blitzen aus vielen Gärten die lilablauen, dunkelvioletten, weinroten oder weißen Blütenrispen auf, die bei sonnigem Wetter unaufhörlich von Bienen, Hummeln und den schönsten Schmetterlingen angeflogen und besucht werden. Dies ist ein wunderbar summendes, brummendes und Flügel schlagendes Schauspiel, das wohl sonst in oder außerhalb unserer Gärten seinesgleichen sucht und das wir uns mittlerweile gar nicht mehr wegdenken wollen und können.

Dabei ist die sommergrüne Buddleja, nach einem englischen Pastor namens Adam Buddle im 17. Jahrhundert benannt, noch gar nicht so sehr lange in unseren Gärten anzutreffen. Der **Sommerflieder** stammt ursprünglich aus China und Tibet und wurde als Zierpflanze ungefähr 1915 in Europa, vermutlich zuerst in England, eingeführt. Der etwas sparrig wachsende und stark zur Versa-

mung neigende Blütenstrauch hat sich recht schnell als „Gartenflüchtling" entpuppt und siedelt seit 1928 hier bei uns gerne auch in freier Natur. Heute hat er mit seinem Freiheitsdrang brachliegende steinig-staubige Industrieflächen, Böschungen und sogar Mauerritzen erobert. Hitze und Trockenheit können ihm fast nichts anhaben, Kälte dagegen schon. Wintertemperaturen unter minus 20 Grad lassen das Gehölz erfrieren.

So hübsch der schnellwachsende Sommerflieder während der Blüte auch erscheint, so wird er doch mit zunehmender Blütenwelke etwas unansehnlich. Die verblühten braunen Rispen fallen nicht ab, um so mehr dafür auf. Es drängt manche Gartenfreunde geradezu, die Schere in die Hand zu nehmen, die Welke herauszuschneiden und damit – welch' willkommener Nebeneffekt – einen Blütenneutrieb zu fördern. Dies verlängert die Blühphase des Strauches mitunter enorm, was dem spätsommerlichen, vor allem aber dem herbstlichen Garten mit sonst wenig Blütenflor, ausgesprochen gut tut.

Neben diesem üblichen und nahezu überall wachsenden Sommerflieder – mittlerweile gibt es davon viele verschiedenen Gartensorten – möchte ich unbedingt auf die gelbblühende Hybride *Buddlja x weyeriana* mit der Sorte ‚Sungold' aufmerksam machen. Dieser Busch bildet keine Rispen, sondern dichte orangegelbe Blütenköpfchen, die dem Strauch ein heiter verspieltes Aussehen verleihen.

Damit unsere hübschen Sträucher auch im nächsten Sommer mit ihrer Blütenfülle wieder viele Insekten anlocken, sollten Sie die Pflanzen im Frühjahr kräftig zurückschneiden. Und nur nicht so zaghaft! Je mehr Sie wegschneiden, desto üppiger kommen Austrieb und Blüte.

Die Ende Mai, Anfang Juni überreich blühende *Buddleja alternifolia*, im Deutschen recht nüchtern und phantasielos als Wechselblättriger Sommerflieder bezeichnet, besticht durch ihr malerisches Aussehen. Fliederfarbene, lange und dicht besetzte Blütengirlanden hängen und fallen in filigranem, graugrünem Laub bis zum Boden herab. Der Strauch ist zur Blütezeit ein einziger Blütenrausch und wird meines Erachtens viel zu wenig gepflanzt. Dabei könnte er problemlos so manche karge Böschung oder Mauerkrone zieren. Aber aufgepasst! Dieser Sommerflieder darf im Gegensatz zu unseren vorher beschriebenen möglichst nicht geschnitten werden. Denn die Blüten werden nur am vorjährigen Holz gebildet.
Also, lassen Sie diesen „Blüten-Rausch-Flieder" so lange wie möglich unangetastet und in Ruhe wachsen. Er wird dadurch von Jahr zu Jahr nur schöner.

Übrigens, es ist recht einfach, diese Sträucher durch Stecklinge selbst zu vermehren. Und da sie alle schnell wachsen, brauchen Sie gar nicht so lange auf die ersten Blüten zu warten.

Eine kletternde Schönheit – Die Clematis

Mehr als 200 verschiedene Arten, entweder laubabwerfend oder immergrün, windend oder kletternd und einige auch als niedrig wachsende Stauden oder kriechende Sträucher sind uns von der Gattung Waldrebe bekannt. Die **Clematis** gehört zur Familie der Hahnenfußgewächse (*Ranunculaceae*). Und wie der Name Waldrebe schon sagt: es handelt sich hier ursprünglich und in den Wildformen um Gewächse, die in Wäldern und an Waldrändern Bäume und Büsche erobern und sich nicht selten wie eine dichte, fast erstickende Decke über das sie stützende Gehölz legen. So unverschämt vital die Wildlinge mit nie geahntem Wachstumstempo um sich greifen – ganz besonders unsere heimische Wildform *Clematis vitalba* – so hochempfindlich können sich viele der über 400 großblütigen und sehr vornehm wirkenden Sorten zeigen.

Die lange Blühzeit und die Vielfalt ihrer Blütenformen und -farben macht sie in unseren Gärten zu einer der begehrtesten Kletterpflanzen.

Um jedoch jedes Jahr aufs Neue Freude an diesen Schönheiten zu haben, müssen wir ihre Lebensbedingungen kennen und zudem bereit sein, sie ihnen auch zu schaffen.

Folgende Begebenheit soll Ihnen die Kultur- und Standortansprüche dieser Pflanzen verdeutlichen:

Mein eigenwilliger Garten-Lehrmeister, der seine Pflanzen sehr liebte, hatte in seinem Kletterpflanzen-Sortiment immer eine ausgesuchte und ganz spezielle Auswahl von Clematis-Pflanzen: die Großblumigen

Clematis ‚James Mason‘

Samenstand von Clematis tangutica

mit vier, sechs oder acht Blütenblättern in tiefstem Violett, Weinrot und Weiß mit roséfarbenen Streifen, die Kleinblumigen mit blauen, gelben oder cremefarbenen Glockenblüten in filigranem Blattwerk und die Kleinstblütigen mit auffälligen Staubgefäßen. Kaum fingen sie an, ihre langen Triebe zum Klettern zu schicken, wurden dieselben von Gärtnerhänden an schlanken Bambusstäben hochgebunden. So standen sie in ihren großen Töpfen an zentraler Stelle, dass man sie ständig im Blick haben konnte.
An einem strahlenden Sommermorgen erschien eine elegant gekleidete Dame in der Gärtnerei und erklärte, dass sie es „dieses mal mit einer anderen Farbe" versuchen werde. Auf beharrliches Nachfragen des Gärtners gestand die Dame, bereits zwei Anläufe mit einer violetten Clematis unternommen und diese auf die sehr trockene und heiße Südseite ihres Hauses an eine Wand gepflanzt zu haben. Leider seien die Triebe aus ihr unbekannten Gründen eingegangen. Nun wolle sie einen nächsten Versuch machen. Als sie die ernste Frage des bedenklich dreinschauenden Fachmanns, ob es denn am Haus oder sonst im Garten keinen schattigeren und feuchteren Ort für die lange blühende Pflanzen-Schönheit gäbe ohne nachzudenken verneinte, entschied der kompromisslose Gärtner zur deutlichen Verblüffung der Dame: „Dann kriegen Sie keine mehr. Sie bringen sie sowieso bloß wieder um!" Ob jene Dame woanders die von ihr so sehr begehrte Pflanze erstanden und ihr bessere Überlebensbedingungen geschaffen hat, entzieht sich meiner Kenntnis.
Die Clematis braucht zwar keinen vollschattigen Standort, aber sie benötigt unbedingt einen beschatteten Fuß, eingebettet in fruchtbare und humose Erde. Im Wurzelbereich will sie eine ständig mäßige Feuchtigkeit, was wiederum eine gute Drainage erforderlich macht. Und trotz idealer Kulturbedingungen kann die Eingewöhnungszeit der Clematis im Boden relativ lang sein. Dann aber legt so manche kletternde Schöne richtig los, wie beispielsweise die unverwüstliche *Clematis montana var. Rubens*. Oben angekommen, klettert sie dann auch gerne in voller Sonne und spinnt sich selbst über nach Süden ausgerichtete Dächer; nur der Start sollte kühl und feucht sein.

Übrigens, nicht nur die Blüten der Clematis sind auffallend und schön. Auch die unreifen und reifen Samenstände, die sich nach dem Verblühen bilden, sind ein ausgesprochener Blickfang. Manche sehen aus wie strähnige, silbrig-weiße Haarschöpfe, andere wie kleine braune Perücken, die, sind sie erst einmal sichtbar, schon den nahenden Herbst ankünden.

Clematis tibetana

Rhododendron – Stolze Pracht oder jämmerlicher Anblick?

Wie gerne würde ich Sie einladen, mit mir einen beschaulichen Spaziergang durch unsere verschiedenen Tübinger Wohngebiete mit ihren teilweise sehr schön bepflanzten und gut gepflegten Gärten zu machen. Und gerne würde ich dann ein ganz besonderes Augenmerk auf die immergrünen **Rhododendron**-Solitäre richten, die meist an zentraler und gut sichtbarer Stelle die Vorgärten zieren oder Hauseingänge in dunkelgrüner Erhabenheit flankieren (sollen).

Was würde uns vielerorts auffallen und uns geradezu ins Auge springen?
Statt üppig in Statur und Erscheinung, in dunkles, sattes Grün gehüllt und dicht mit festen, ledrigen Blättern belaubt, zeigen sich uns stumpfe, gelblich bis bräunlich verfärbte, oft mit nach unten hängendem Laub, trostlos aussehende, meist klein gebliebene und das Wachstum verweigernde Büsche. Ein ganz und gar jämmerlicher Anblick!

Was ist hier geschehen? Die Antwort lautet: Kalkvergiftung und zugleich ein zu sonniger Standort. So kurz die Antwort ist, so schwierig und vor allem aufwändig ist es doch, dieses Problem mit den ganz speziellen hiesigen Gegebenheiten in den gärtnerischen Griff zu bekommen.

Der Rhododendron wie auch die Azalee gehören zur Familie der Heidekrautgewächse (*Ericaceae*). Und wie Sie sicher wissen, wachsen Heidekrautgewächse nur in kalkfreier, ja sogar saurer Erde.

Dasselbe gilt nahezu uneingeschränkt auch für unsere Rhododendren und Azaleen, die in unseren Gärten kultiviert werden. Es sind überwiegend immergrüne, weniger laubabwerfende Sträucher und ihr ursprüngliches Verbreitungsgebiet liegt hauptsächlich in Asien und Nordamerika. Dort stammen sie aus sehr verschiedenen Lebensräumen: aus großen Wäldern und Waldrändern, von Meereshöhe bis in lichte alpine Zonen. Ebenso verschieden sind die Wuchsformen in der Gattung Rhododendron, von kriechend niedrig bis zu 20 Metern Höhe. Eine, den meisten Pflanzenliebhabern bekannte und einheimische kleine Art aus den Alpen, ist die unter Naturschutz stehende Alpenrose (*Rhododendron hirsutum*).

Für unsere Gärten gibt es inzwischen spezielle Züchtungen, eine Vielzahl von Sorten und Sortengruppen, teils Hybriden und vegetativ vermehrbare Ausleseformen, die zur Blütezeit einen sehr auffallenden und farbenreichen Flor zeigen und jedes Frühjahr aufs Neue viele Gartenbesitzer begehrliche Blicke auf diese sehr farbintensiven Blüten richten lässt.

Was aber ist zu tun, um die Schönheit des Strauches nicht nur in der Blütezeit sondern ihn das ganze Jahr über in seinem sattgrünen Laubmantel zu erhalten und sein ständiges, gesundes Wachstum zu fördern?
Zuerst prüfen Sie den Platz, an den der Busch gepflanzt werden soll. Ist er den ganzen Tag der prallen Sonne ausgesetzt, ist der Platz ungeeignet. Unsere Rhododendren wollen halbschattig bis schattig stehen und sie lieben eine hohe Luftfeuchtigkeit. Nun zum Boden: unser immergrüner Strauch braucht unbedingt einen frischen, feuchten, humosen und gut drainierten Gartenboden.

Für Tübinger Verhältnisse bedeutet dies: Sie müssen wohl oder übel den Boden austauschen. Die alte Erde muss da, wo Sie pflanzen wollen weg und darf nicht mitverwendet werden, denn unser „Letten" enthält alkalischen Ton und „vergiftet" die kalkfliehenden Pflanzen, zu denen die Erikagewächse gehören. Sind diese Bedingungen erfüllt, dann können Sie pflanzen. Und bei trockenem Wetter das Gießen nicht vergessen! Der Boden sollte stets feucht sein, denn die Wasserverdunstung über die Blätter ist an heißen Sommertagen hoch.
Neulich hat mir einer meiner Gartenbesucher berichtet, dass er vor einigen Jahren in seinem ehemaligen Teich die Folie an etlichen Stellen durchstochen, die Mulde mit saurer Moorbeeterde und Sand aufgefüllt und da hinein verschiedene Rhododendren und Azaleen gesetzt habe. Alles würde üppig wachsen und keinerlei Mangelerscheinungen zeigen.

Wenn Sie, liebe Gartenliebhaber in hiesigen Gefilden aber einen solchen oder ähnlichen Aufwand nicht treiben wollen, dann verzichten Sie besser auf diese Pflanze und wählen stattdessen einen unempfindlicheren immergrünen Strauch.

Eine zarte Eigensinnige – Die Brautmyrte

Fast könnte ich eine Wette eingehen, dass Sie schon einmal eine dieser anmutigen, dekorativen Pflanzen mit ihren glänzend dunkelgrünen Blättchen und den duftenden kleinen, weißen Blüten gekauft und versucht haben, sie bei sich zuhause an ihrem hübschen Pflanzen-Leben zu erhalten. Wie lange? Ein Jahr, vielleicht auch noch ein zweites?
Der Lieblichkeit der **Myrte** sucht ihresgleichen und die Schwierigkeit, diesem sensiblen Pflanzenwesen gerecht zu werden, ebenso.

Die Heimat der zierlichen, immergrünen und bei uns nicht winterharten *Myrta communis* aus der Familie der Myrtengewächse (*Myrtaceae*) liegt höchstwahrscheinlich im vorderasiatischen Raum. Myrtensträucher gehören fast im gesamten Mittelmeergebiet zur typischen *Macchia*- und *Garriguevegetation* und bilden zusammen mit Ginster, Zistrosen, Rosmarin, Baumheide, Stechwinde und Erdbeerbäumen dichte, teilweise undurchdringliche Dickichte aus 2 – 3 Meter hohen Sträuchern. Die Hitze des Sommers lässt die Pflanzen eine Vielzahl würzig-harziger ätherischer Öle verströmen, die den ganz eigenen Macchia-Duft ausmachen. So auch unsere Myrte. Beim Zerreiben der dunkelgrünen, kleinen, ledrigen und eiförmig-lanzettlichen Blättern und den dunkelblauen, reifen Beeren können Sie das harzige Aroma, das ein wenig an das unserer Wachholderbeeren erinnert, einatmen. Nur zu: diese Öle tun gut und sind gesund. So wurden im Mittelalter Myrtenzweige als Heilpflanze gegen verschleimte Atemwege verwendet.

Auch der griechische Arzt *Dioskurides*, der unter den Kaisern *Claudius* und *Nero* in römischem Dienst stand, empfiehlt Myrte in seinem Kräuterbuch gegen Geschwüre, Knochenbrüche, Skorpionstiche und Spinnenbisse.

Auch die Symbolträchtigkeit der Myrte zieht sich einem roten Faden gleich durch mindestens drei Jahrtausende. Einer arabischen Legende nach ist dieser einzigartige Strauch ein Symbol des Friedens und entstammt dem Paradies. In einem der beiden griechischen Entstehungsmythen war *Myrsine* eine wunderschöne Nymphe, die athletische Stärke besaß. Im Wettkampf konnte sie sogar Athene übertreffen. Diese wurde deshalb eifersüchtig auf die schöne *Myrsine* und tötete sie im Affekt. Erschrocken über ihre Tat, verwandelte Athene den toten Körper der Nymphe in einen Myrtenbaum.

Bei den Römern war die Myrte ein Symbol der Fruchtbarkeit, Keuschheit, Jungfräulichkeit und Reinheit und der Göttin Venus geweiht. Ob unser hiesiger, uns seit dem 16. Jahrhundert bekannter Brauch, jungfräuliche Bräute bei der Hochzeit mit Myrtenkränzen zu schmücken auf dieses römische Brauchtum zurückgeht, ist unklar. Er könnte ebenso gut auf die Zeit der babylonischen Gefangenschaft zurückzuführen sein, in der junge Jüdinnen als Zeichen des Brautstandes und der Liebe Myrtenkränze trugen.

Was nun, wenn Sie dieses ausgesprochen liebreizende Sträuchlein als Kübelpflanze auf Ihrer Terrasse stehen haben? Glauben Sie ja nicht, dass dieses eigensinnige und sensible Pflanzen-Geschöpf es Ihnen leicht macht. Myrten mögen zwar Sonne, sie nehmen aber auch ganz bereitwillig mit einem halbschattigen Standort vorlieb. Absolut kompromisslos zeigen sie sich allerdings in Bezug auf Kalk in Erde und Wasser. Gießen Sie deshalb sommers wie winters ausschließlich mit Regenwasser. Beim Umtopfen nehmen Sie Azaleen- oder Rhododendronerde. Düngen Sie im Sommerhalbjahr hin und wieder vorsichtig mit der Hälfte der angegebenen Menge und wässern Sie nicht zu viel und nicht zu wenig. Wenn der Frost kommt, müssen Myrten ins helle, kühle Winterquartier. Temperaturen bei etwa 5 °C sind optimal. Und trotz Wachstumspause: vergessen Sie Ihr sensibles Pflanzenkind nie! Denn Pflegefehler verzeiht es nicht.

Myrten eignen sich wie Buchse bestens dazu, sie in Form zu schneiden. Allerdings fällt dann die Blüte aus. Ältere Myrten-Bäumchen setzen ungeschnitten und nach dem Blühen kleine bläulichschwarze und würzige Beeren an, aus denen in Korsika und Sardinien der berühmte und schmackhafte *Mirto-Likör* hergestellt wird.

Übrigens, Myrten-Bäumchen in Kübeln können bei guter Pflege längst über hundert Jahre alt werden. Der Wert dieser besonderen Pflanze steigt im Laufe ihrer Kübelpflanzen-Jahre enorm und ihr eigenwilliger Habitus ähnelt irgendwann dem eines großen Bonsais.

Der alles umschlingende Efeu

Wer kennt nicht den immergrünen **Efeu**, (*Hedera helix*), der sich unaufhaltsam, malerisch und selbstsicher an Bäumen, Mauern, Pfosten, Zäunen empor- und über Erdböden, Steinplatten, Wege im Wald und Garten hinwegarbeitet? Zäh ist er, schön ist er, giftig und uralt ist er.

Bereits im altägyptischen Kulturkreis war die Pflanze dem Toten- und Fruchtbarkeitsgott Osiris geweiht. Im antiken Griechenland und im Römischen Reich war Efeu neben der Weinrebe das Attribut des Dionysos und Bacchus, der Gott des Weines, des Rausches und der Fruchtbarkeit. Einer Legende nach stürzt Kissos (griechisch = Efeu), ein Sohn des Dionysos, während eines wilden und ausgelassenen Tanzes im Rauschzustand so unglücklich, dass er stirbt. Die erdverbundene Muttergottheit Gaia aber, die immer wieder das Totenreich inspiziert, verwandelt den Toten kurzerhand in eine Efeupflanze, die von nun an neben dem Feigen- und Weinblatt die Häupter von Satyren und den dionysischen Begleiterinnen, den Mänaden und Bacchantinnen ziert.

Tatsächlich wurde und wird den giftigen Beeren des Efeu eine Rausch erzeugende Wirkung nachgesagt. Und als Arzneipflanze beschrieb und setzte sie schon Hippokrates (460 bis 370 v. Chr.) sowohl gegen äußerliche, als auch gegen innerliche Leiden ein. Die Gefahr von Vergiftungserscheinungen war bereits im Altertum bekannt, sodass durch die Jahrhunderte bis ins späte Mittelalter auch immer vor der Einnahme des

Krauts und der Beeren gewarnt wurde. Im 19. Jahrhundert stieg das Ansehen des Efeus als wirkungsvolle Arznei gegen Bronchitis und Husten. Durch Zufall soll einem Arzt aufgefallen sein, dass Kinder, die ihre Milch aus Efeu-Holz gefertigten Bechern tranken, viel seltener Hustenkrankheiten bekamen. Heute ist der schleim- und hustenlösende Wirkungsmechanismus des a-Hederin aus dem Efeublatt analysiert und wird in der Naturheilkunde in Form von Spezialextrakten bei Asthma und Keuchhusten eingesetzt.

Das schön gezeichnete Efeublatt an den malerischen Ranken dient der Kunst und dem Kunsthandwerk seit Jahrhunderten als gestalterische Vorlage. Dieses leichte, verspielte und zudem sehr vital wirkende Motiv ziert Gläser, Geschirr, Vasen, Schalen, Tischdecken und Servietten. Im Gegensatz zu der in der gestalteten Darstellung so liebliche und gebändigte Erscheinung des Efeus, zeigt uns der ganz äußerliche Blick auf das ausdrucksstarke, haftende und in der Symbolik vieler Kulturen die Treue, Zuverlässigkeit und das ewige Leben bedeutende Gewächs, doch auch ein anderes Bild.
Der Efeu aus der Familie der Araliengewächse (*Araliaceae*) ist ein immergrüner Kletterstrauch mit langen, rankenden Trieben und einer sehr dominanten Präsenz. Im botanischen Sinne rankt er zwar nicht, aber mit Hilfe seiner Haftwurzeln „klettert" er im Laufe der Zeit problemlos in 30 m hohe Bäume. Dazu bildet er im Alter von etwa acht Jahren eine sogenannte „Altersform" aus, deren Triebe nicht mehr rankenartig sondern aufrecht und deren glänzende Blätter mit ihrem fein geäderten Muster nicht mehr dreibis fünflappig sondern einfach und rautenförmig sind. Erst jetzt blüht und fruchtet er auch in seinem dichten Blätterkleid. Wir könnten fast den Eindruck gewinnen, dass der robuste Sonderling die Stämme seiner Kletter-Bäume mit weichem Grün geradezu umschmeichelt oder sich sanft und anschmiegsam an altes Gemäuer lehnt.

Doch Vorsicht! Nicht immer ist solch' innige Verbundenheit zuträglich. Obwohl der Efeu seinem Kletterbaum keine Nährstoffe entzieht, und somit kein Schmarotzer ist, kann er den Baum ganz allmählich und schleichend erdrücken und würgen und für nicht mehr ganz intaktes Mauerwerk können die feinen, zähen Efeu-Würzelchen wie Sprengstoff sein.

Vertrauen in die sichtbare und feste Efeu-Beziehung ist gut, Kontrolle aber bezüglich der fein-wurzeligen Unterwanderung ist besser!

Eine vergessene, göttliche Schönheit – Die Gartennelke

Was wäre ein Sommer ohne den herb würzigen Duft der Nelke?
Völlig zu Unrecht und für mich unerklärlich ist diese schöne und farbenfrohe Blume aus der Mode gekommen und somit aus unseren Gärten verschwunden. Und dies, obwohl sie auf eine sehr lange Gartentradition zurückblicken und sogar in Töpfen und Kübeln auf dem Balkon oder der Terrasse wachsen kann.

Die ursprünglich aus dem Mittelmeerraum stammende **Nelke** (*Dianthus caryophyllus*) wurde bereits im Altertum kultiviert und ihrer leuchtenden Farben wegen als „göttliche Blüte" verehrt – das griechische Wort dios bedeutet Gott und anthos Blüte.

Der Legende nach entstanden die Nelken folgendermaßen: Diana, die Göttin der Jagd suchte viele Stunden nach einem kapitalen, zu erlegendem Tier. Als sie wütend und ärgerlich über ihre Erfolglosigkeit auf einen Schalmei blasenden Hirten traf, bezichtigte sie ihn, mit seinem Gedudel die potentielle Beute vertrieben zu haben. Ungöttlich, aber bis aufs Äußerste gereizt, riss sie ihm zur Strafe die Augen aus und warf diese zwischen die Felsen. Doch auch Göttinnen können einen Fehler machen. Als sie ihre schmachvolle Tat bereute, verwandelten sich die Augen in strahlende Blumen.

Die Nelke war und ist eine symbolträchtige Pflanze. Ihre bildliche Darstellung ist nicht nur in antiken Fresken, späteren Wandgemälden und osmanischen

Teppichen zu finden, sondern schlug sich auch in den Hochzeitsbräuchen des 15. und 16. Jahrhunderts im europäischen Raum nieder. So sollten weiße und rote Nelken sowohl böse Geister abwehren als auch einen Liebeszauber bewirken. Nelkenwasser gar stand in dem Ruf, die Fruchtbarkeit zu fördern.

Letztlich aber scheint der Zauber dieser göttlichen Blume nicht immer positiv gewesen zu sein und wurde während der Französischen Revolution der französischen Königin Marie Antoinette zum Verhängnis. Denn angeblich erhielt die königliche Dame im Gefängnis heimliche Botschaften, die in den dichten Büscheln dunkelroter Nelken-Blütenblätter versteckt waren. Ein Zettel mit dem Plan ihrer Befreiung fiel irgendwann heraus und konnte die eigenwillige Königin nicht vor der Guillotine retten.

Der Duft unserer Gartennelke ist intensiv, voll und abgerundet und hat, wie die Erscheinung der ganzen Pflanze, etwas üppig Orientalisches. Die getrockneten Blütenblätter können in Duftkissen und -schalen lange ihr Aroma entfalten. Und so wurden diese stark duftenden Blüten auch in früheren Zeiten nicht nur zum Würzen von Wein, Essig und Bier benutzt sondern die essbaren Blütenblätter auch kandiert. Medizinische Anwendung gar, fand die Nelke bereits im Mittelalter gegen Magenverstimmung und Fieber.

Unser Nelkengewächs (*Caryophyllaceae*) mit den blaugrünen lanzettförmig und leicht geschwungenen Blättern und den dünnen Stängeln wird als Gartenstaude 40 – 80 cm hoch und zeigt uns in Form und Farbe überaus variantenreiche, mehr oder weniger starkgefüllte Blüten. Die einzelnen Blumen können gezackt, gefranst, gewellt, mit oder ohne Randsaum, mit kurzen oder langen Strichen und Streifen gezeichnet sein und glänzend, samtig oder matt erscheinen. Die Farbvarianten reichen über kräftige ein- und zweifarbige weiß, gelb, orange, rot, rosa und lila Töne.

Da unsere Gartennelke zwar als göttliche Dame des Südens einen sonnigen Standort will, sonst aber wenig anspruchsvoll ist, plädiere ich ganz entschieden dafür, diese „altmodische" Pflanze wieder in unsere Gärten oder auf unsere Terrassen holen.

Denn denken Sie dran: was wäre ein Sommer ohne den Duft von Nelken?

Ein gezähmter Widerspenstiger – Der Kapernstrauch

Unlängst tat sich Wunderliches im Blumentopf meines Kapernstrauches, dessen struppiges Äußeres wie kaum eine andere Pflanze das Pflanzenleben in mediterraner Hitze und Kargheit widerspiegelt.
Vor mehreren Jahren habe ich während eines Urlaubs Ende Oktober in der sizilianischen Stadt Ragusa einige gerade aufgeplatzte Früchte eines Kapernstrauchs geerntet, der in 2 Meter Höhe aus einem Spalt einer maroden Mauer herauswuchs. Wieder zuhause habe ich die Samen in ein Erde-Sand-Gemisch ausgesät und lange gewartet. Hin und wieder legte sich ein leichter grauer Schimmelschleier über die feinen Körnchen, den ich jeweils mit der Pinzette sorgsam entfernte. Ich war mir fast sicher, dass dieser, bereits in den Vorjahren mehrmals angesetzte Aussaatversuch auch dieses Mal schief gehen und der gemeine Schimmelpilz, wie immer siegen würde. Als sich aber nach Wochen feine, hellgrüne Blättchen entfalteten, wollte ich's kaum glauben. Und jetzt, genau vier Jahre später, schenkt mir dieser widerborstige, kleine Strauch eine süß duftende und crèmefarbene Blüte von elfengleicher Anmut und Zartheit.

Der meist dornige, etwa kniehohe und laubabwerfende **Kapernstrauch** (*Capparis spinosa*) aus der Familie der Kaperngewächse (*Capparaceae*) ist im gesamten Mittelmeergebiet heimisch. Seine auffälligen, etwa 5 bis 7 cm großen und wunderschönen Blüten erinnern in ihrer Gestalt etwas an das Garten-Johanniskraut. Aus den hellen Blüten ragt eine große Anzahl rosa oder hellvioletter Staubgefäße heraus und verleiht der Blume ihren lieblichen Charme. Die maximal 3 cm großen, rundlich bis ovalen Blätter sind ledrig und fleischig und sitzen zuweilen dicht an den überhängenden Zweigen. Bei uns kann der Kapernstrauch, ähnlich wie der Oleander, nur als Kübelpflanze gehalten werden, die frostfrei und in einem kühlen Raum überwintert werden muss. Wer den hängend-liegenden Kleinstrauch an seinem Naturstandort in voller Sonne, in Mauernischen und auf trockenen Felsen sieht, kann sich kaum erklären, wie er überhaupt überleben und die kleinen, feinen Blütenknospen, die wir als in Salz und Essig eingelegte Kapern kennen, ausbilden kann. Schon in der Antike waren die Kapern nicht nur eine beliebte und würzige Zutat in der Küche und ein harntreibendes und verdauungsförderndes Heilmittel, sondern – wie könnte es auch anders sein: sie galten als Aphrodisiakum.

Die erbsengroßen Blütenknöspchen sind in rohem Zustand ungenießbar, eingelegt aber äußerst würzig und aromatisch. Zugegeben, an Kapern scheiden sich die Geister! Die einen denken verzückt an *Vitello tonnato*, dünngeschnittene Kalbfleisch-Scheiben in Thunfischsoße mit Kapern oder an *Königsberger*

Klopse. Den anderen hingegen würde garantiert nicht das Wasser im Munde zusammenlaufen. Nun, über Geschmack lässt sich bekanntlich nicht streiten. Und dennoch möchte ich gerade den Zauderern und Zaghaften empfehlen, einmal einen Esslöffel der pikanten Knospen, unter fließendem Wasser abgewaschen, zum Salat zu geben und so zu probieren. Es könnte eine Überraschung werden!

Apropos Überraschung: im oben erwähnten Urlaub in Sizilien sah ich bei einem Besuch in der Tempelanlage von Agrigent vor einer Mauer einen gebückten alten Mann stehen, der unter anderem nackte, schlanke und dunkelgrüne Gläschen mit eingelegten Kapern anbot. Als er mein Interesse daran bemerkte, erklärte er mir fuchtelnd und mit den entsprechenden Bewegungen, wie er diese kleinen Knospen unter größten Mühen in unerträglicher Hitze, unter gleißender Sonne und in den zerklüfteten Kalkfelsen am Meer selbst gesammelt habe. Beeindruckt dachte ich, diese Mühe muss belohnt werden und erstand unter den fragenden Blicken meines Mannes zwei dieser grünen Gläschen zu dem abenteuerlichen Preis von zusammen 10 Euro. Auf der Rückfahrt in unsere Ferienwohnung wollten wir noch etwas in einem nahegelegenen Supermarkt einkaufen. Als wir vor dem Regal mit den regionalen Spezialitäten standen, fiel unser Blick ganz zufällig auf schlanke, dunkelgrüne Gläschen, die uns irgendwie bekannt vorkamen. Der schwungvolle Schriftzug auf den Etiketten lautete: *Capperi piccoli – Kleine Kapern*.

Der Zauber Medeas – Die Herbst-Zeitlose

In jedem Jahr, bereits ab Mitte August, zeigt sich die kleine Schöne in einer fast unglaublichen Zartheit in meinem Gartenhang: blattlos nackt, nur in leichtes Violett gekleidet, ein Hauch einer Blüte auf langem, dünnem, weißem Bein. Wer käme bei ihrem Anblick auf die Idee, dass die lilienartige **Herbst-Zeitlose** (*Colchicum autumnale*) aus der Familie der Zeitlosengewächse (*Colchicaceae*) ein starkes Gift in sich trägt, das Mensch und Tier töten kann? Die einem Krokus ähnlich sehende Blüte enthält in hoher Konzentration das giftige Alkaloid Colchicin. Es kommt nicht von ungefähr, dass sich sowohl ihre Gefährlichkeit, als auch ihre jungfräulich-verführerische Schönheit in oft heute noch gebräuchlichen Volksnamen der Herbst-Zeitlosen, deren Heimat ursprünglich in West- und Kleinasien und im Mittelmeerraum liegt, niederschlägt: *Hennegift, Giftkrokus, Mönchskappe, Nackte Jungfer, Nackthure, Leichenblume, Teufelsbrot, Wiesenlilie und Winterhauch.*

In mehrerlei Hinsicht ist diese Zeitlose eine Pflanze der immer währenden Widersprüchlichkeit und des Gegensatzes. Die meiste Zeit des Jahres schlummert sie in ihrer dicken, dunkelbraun ummantelten Knolle unsichtbar in der Erde. Und wenn alles andere in der Natur das Blühen einstellen will, sich der Samenreifung hingibt, in Blatt und Stiel welk und hinfällig wird, dann schieben sich bis in den Oktober hinein zart-lila Blütenkörper aus Tau benetzten Wiesen. Tatsächlich, es sind nur die Blüten, nichts weiter. Die Zartheit dieser Blume mit ihren sechs lanzettlichen Kronblättern birgt aber auch eine ihr eigene Zähigkeit in sich. Die Pflanze lässt sich nicht vertreiben und unterkriegen. Geknickte, abgerissene und zertrampelte Blüten zerstören keineswegs ihren Lebenszyklus. Sie verschwindet irgendwann im Herbst und ist über den gesamten Winter unsichtbar. Erst im März beginnt sie mit dem Treiben krautiger und unschön aussehender, bis zu 40 cm langer, grüner Blätter und zeigt ihre großen „aufgeblasenen" Samen-Kapseln. Welch' eine Verwandlung! Von zartester Schönheit zu derbster Plumpheit. Und das Frühjahr zum Herbst und den Herbst zum Frühling gemacht. Die Zeiten auf den Kopf gestellt, oder gar die Zeit verloren? Die Römer nannten sie deshalb auch „filius ante patrem" = der Sohn vor dem Vater.

Aber Vorsicht! Auch in ihrem grünen Frühlingskleid ist die Herbst-Zeitlose nicht ungefährlich. Obwohl die Konzentration des Gifts in Blättern und Samen weniger hoch ist, als in der herbstlichen Blüte, kommen die schwersten Vergiftungen bei Menschen im Frühjahr vor, wenn die Blätter mit denen des Bärlauchs verwechselt und gegessen werden. Vergiftungserscheinungen treten meist erst mit 2 bis 6 Stunden Verzögerung auf. In der Literatur wird eine Sterblichkeit von 90 % angegeben. Dass die Pflanze im Altertum gezielt für Giftmorde eingesetzt wurde, wundert bei der Wirksamkeit des Giftes nicht. Doch was wäre diese Gefährlichkeit ohne ihre Kehrseite? Colchicin wird therapeutisch, sowohl schulmedizinisch, als auch homöopathisch gegen Gicht eingesetzt und ist entsprechend wirksam.

Im von Linné ausgesuchten botanischen Gattungs-Namen *Colchicum* verbirgt sich der Mythos der zauberhaften und wandlungsfähigen Herbst-Zeitlosen: die mächtige Giftmischerin und Zauberin *Medea* aus der sagenumwobenen Landschaft Colchis (=Kolchis, am Ostufer des Schwarzen Meeres im heutigen Georgien), sammelte 9 Nächte lang Kräuter, um einen Zaubertrank zu brauen, der ihrem Schwiegervater Äson die Jugend wiederbringen sollte. Von diesem Gebräu fielen einige Tropfen auf die Erde und es entstand daraus die verführerische und gefährliche Herbst-Zeitlose.

Wie so oft liegen Wohl und Wehe im Pflanzen- wie im Menschenleben sehr nahe beieinander.

Pomona – Die Hüterin der Obstgärten

„Nicht Waldungen liebt sie, noch Flüsse; Aber die Flure und Äste mit glücklichem Obste belastet."

Ovid, Metamorphosen über die Nymphe Pomona

In so manchem Herbst biegen sich die unteren Zweige der Apfelbäume teilweise bis auf den Boden. Sieht das Obst naturgemäß auch nicht ganz makellos aus, so ist die Fülle der großen und kleinen Bäume, des Mostobstes und des Edelapfels, der alten wie der neueren Sorten ein überwältigender Anblick. Und fast könnte man sich fragen: übertreibt die Natur da nicht ein bisschen?

Zumindest ist die Bewertung dieser Über-Fülle je nach Mensch und Interesse doch sehr unterschiedlich, ja oft sogar gegensätzlich.

So wurde ich unlängst Zeuge eines äußerst knappen und typisch schwäbischen „Disputs" in der Tübinger Haaggasse: ein alter Anwohner, der dem Pietismus sehr zugetan ist ruft einem anderen und mürrisch dreinschauenden Altstadtbewohner auf seinem klapprigen Moped, in dessen Anhängerle sich mehrere Säcke mit aufgelesenem Ost befinden mit feierlicher Stimme: „Gell, heuer hend mir aber an Apfel-Segen" zu. Dieser bremst kurz ab, stellt seine Füße auf den Gassenboden und donnert lauthals: „Ein Fluch isch des!"

Abgesehen von der ganz individuellen Bewertung, wie sie hier von den beiden Altstadtbewohnern verkörpert wird, unterliegt die Beurteilung, ob eine Apfelernte gut und damit gewinnbringend ist, längst den Kriterien des Marktes und der konsumorientierten Verwert- und Verwendbarkeit. Und fast klingt es romantisierend und auch etwas vermessen, wenn wir angesichts blankgeputzter, tadelloser und in Plastik gehüllter Äpfel in den Farben rot, gelb und grün in den Supermarktregalen unseren wohltätigen Na-

turgeist, nämlich die Nymphe *Pomona* suchen und bemühen wollen.
So besonders, geradezu überirdisch wurde die Fruchtbarkeit der Obstgärten in der Antike empfunden, dass die griechische Mythologie eine Begleiterin und Hüterin dieser Gärten in Form einer niederen Gottheit entstehen ließ. Und hierin wird auch deutlich, dass das Fruchten und Tragen der Obstbäume keine Selbstverständlichkeit, sondern eine Art kaum manipulierbares Naturereignis war und – ich möchte sagen: noch immer ist!
Jeder Obstgütles-Besitzer wird einwenden wollen, dass es sehr wohl etwas zu beeinflussen gibt. Man kann nämlich den Ertrag durch gute Pflege und durch entsprechendes Schneiden der Bäume zu bestimmten Zeiten fördern. Und genau das tun die Menschen seit Jahrhunderten, ja seit Jahrtausenden. Selbst unsere *Pomona* hat auch hier durch alle Zeiten hindurch ihre Hand mitangelegt, indem sie ihre geschärfte Hippe jederzeit einsatzbereit bei sich trägt.

Eine ganze Wissenschaft wurde im Laufe der Zeit aus dem Wissen um die Vielfalt der Obstbäume und ihre Kultivierung: die Pomologie. Einer der bedeutendsten deutschen Pomologen des 19. Jahrhunderts war *Eduard Lucas*, der im Jahr 1843 als Lehrer für Garten und Obstkultur an die „Königliche Akademie Hohenheim" berufen und dem später ein entsprechender Doktortitel der Universität Tübingen verliehen wurde. 1859/60 gründete er in Reutlingen ein privates „Institut für Gartenbau, Obstkultur und Pomologie". Noch heute gibt es diese schöne und sehenswerte Parkanlage, genannt Pomologie, inmitten von Reutlingen zu besichtigen.
Lucas sah zu seiner Zeit, beschrieben in seinen „Pomologischen Monatsheften", den Bedarf „zur Aufstellung eigener Baumwärter als das wirksamste Mittel zur Hebung der Obstkultur im Großen". Auch war es ihm ein ganz ernstes Anliegen, die Vielfalt der Arten und Sorten zu fördern und zu mehren. Da hat sie also noch gewirkt unsere Nymphe und ihre Tätigkeit in Hülle und Fülle im Verborgenen entfaltet.

Was aber sagen wir heute, angesichts der glänzenden Vier-Sorten-Einfalt in Supermärkten, Groß-Lagerhallen und Zentral-Märkten? Ist *Pomona* am Ende dessen, was sie verkörpert, angekommen?
Oder finden wir sie noch in den Obst-Ausstellungen mit mehreren hundert verschiedenen Sorten, im Wiederaufleben neuer Baumschulen mit alten Sorten und dem bewussten Hegen und Pflegen der privaten „Gütle" und „Stückle" in unserer einmalig schönen Tübinger Umgebung?

Schauen Sie genau hin! Bestimmt taucht sie gleich mit ihrem Erntekorb zwischen den übervollen Bäumen auf.

Die Quitte – Symbol der Liebe oder fast vergessene Frucht?

Ein herbstlicher Spaziergang führt uns hinaus in die Obst-Gütle unserer Stadt. Sind viele mittlerweile auch seit Jahrzehnten ungepflegt und verwildert – wie schade drum! – so sehen wir doch, neben den vielen fruchtenden Apfel- und Zwetschgenbäumen, immer wieder gold-gelbe Früchte in dunkelgrünem Laubmantel aufleuchten: die **Quitte** (*Cydonia oblonga*).

Wir kennen in unseren Obstgärten hauptsächlich die apfel- oder die birnenförmige Quittenfrucht. In den Hausgärten ist allerdings wesentlich häufiger die ebenfalls essbare Japanische und Chinesische Zierquitte zu finden. Alle Quitten gehören zu der Familie der Rosengewächse (*Rosaceae*) und zählen, wie ihre Familienmitglieder Äpfel und Birnen zum Kernobst. Weltweit gibt es etwa 200 Sorten, die meisten dort, wo die Quitte ursprünglicherweise wild vorkommt: in der Gebieten des Südlichen Kaukasus, in Armenien und im Iran.

Ihren botanischen Namen verdankt die Quitte der griechischen Stadt Kydonia (heute Chania) im Nordwesten der Insel Kreta. Noch heute wird dieses Obst auch als Kretischer Apfel, Venusapfel oder Adonisapfel bezeichnet. Apropos Apfel, höchstwahrscheinlich sind es die Quitten, die in der griechischen Mythologie als der *Goldene Apfel des Paris* oder als *Hesperiden-Äpfel* auftauchen. Als Frucht der Liebesgöttin *Aphrodite* galt die Quitte als Symbol für Glück, Liebe und Fruchtbarkeit. Die Römer verwendeten sie als Weihe- und Opfergaben und aufgrund ihres starken zitronenähnlichen Duftes auch zur Parfümherstellung.

Wussten Sie, dass die Quitte unserer Marmelade den Namen gab? Aus dem griechischen „melimelon“ (meli = Honig, melon = Apfel), ein süßes Mus als Proviant für Reisende, entstand über das portugiesische Wort „marmelo“ (Quittenmus) der Begriff Marmelade.

Sie liegen goldrichtig, wenn Sie vermuten, dass unsere Gold-Frucht auch für Heilzwecke eingesetzt wurde. Schon *Hippokrates* bezeichnete sie als die „für Heilzwecke nützlichste Frucht“. Damals wurde der Quittensaft als Gegenmittel bei Vergiftungen verabreicht. Die heilende Wirkung beruht wohl auf dem hohen Anteil an Pektinen und Phenolen. Auch *Hildegard von Bingen* beschrieb die therapeutische Wirkung der Frucht und ihrer Kerne.

Interessanterweise werden Auszüge aus Quittensamen auch in der heutigen Kosmetik, wie bei Körpermilch und Gesichtscreme, als reizmindernd und entzündungshemmend eingesetzt.
Roh kann die leicht nach Zitrone duftende Frucht in unseren Breitengraden nicht verzehrt werden. Das Fruchtfleisch ist auch im reifen Zustand durch den großen Anteil von Steinzellen extrem hart und bedarf der Zubereitung mittels Hitze.

Und der Baum selbst? Vielleicht ahnen Sie es schon. Ich möchte an dieser Stelle und zum Zeitpunkt der Fruchtreife das Hohe Lied des Quitten-Baumes anstimmen.

Der hübsche, eigenwillige und sommergrüne Baum, der gut hundert Jahre alt werden kann, wächst vorzugsweise im Weinbauklima zwischen 6 Metern in die Höhe und 3 – 4 Metern in die Breite. Deshalb scheint er mir bestens für kleinere Gärten geeignet. Oft ist seine Wuchsform mehrstämmig. Das dunkelgrüne, samtig-rauhe Laub ist groß, die glatte Rinde wird beim älteren Baum dunkelbraun. Ganz besonders anmutig sieht das Obstgehölz zur Blütezeit aus. Die rosafarbenen Knospen erscheinen spät und erst, wenn die großen, anfänglich hellgrünen Blätter sich bereits entfaltet haben. Die vergleichsweise großen und sehr dekorativen Blüten sind weiß-rosa getönt und verströmen einen feinen Duft. Während der gesamten Zeit der Fruchtreife und in allen Stadien ist der Baum eine ausgesprochene Zierde.

Um Ihnen noch mehr Lust auf den Liebes-Apfel zu machen, hier das Rezept Gebackene Quitten mit Walnussfüllung: 2 Quitten gut abreiben, längs halbieren, Kerngehäuse entfernen und mit der Schnittfläche nach oben in einen Topf legen. Mit 200 ml Orangensaft fast weich dünsten. 80 g Walnusskerne und 60 g Rosinen grob hacken mit 150 g Quark, Teelöffel Zimt, Teelöffel geriebener Orangenschale, 1 Esslöffel Honig, etwas Vanille verrühren und die Füllung in die Vertiefung der Schnittflächen geben. 20 g Butterflöckchen darauf verteilen und bei 190 °C im Backofen 20 – 30 Minuten überbacken.

Ein lebendes Geheimnis – Die Mistel

Im späten Herbst fuhr ich, wie früher schon so oft, zuerst über das Rheintal und dann die nahezu endlose Strecke der *Route National* bis nach Paris und habe dabei zum aller ersten mal in unzähligen kahlen Baumkronen eine wundersame Entdeckung gemacht: entlang dieser langen, landschaftlich weniger varianten- aber dafür wasserreichen Strecke „begleiteten" mich stets hohe, breite und bereits blattlose Bäume mit massenhaft **Mistel**-Gebilden. Dichte, ästige und grüne Büschel aller Größen hängen und sitzen majestetisch in den mächtigen Baumkronen von Pappeln, Ulmen, Ahornen, Birken und Eichen. Fast könnten wir meinen, sie dominieren, ja bedrängen gar mit ihren leuchtend grüngelben Geäst-Gebilden die kleinen knorrigen Apfelbäume. Eindrucksvolle und ungewöhnliche Pflanzenwesen, fast immer in ausgesprochener Kugelform mit rechtwinklig, gabelig verzweigten Sprossen und ledrigen, künstlich wirkenden Blättern nehmen so selbstverständlich, eigenwillig und nicht übersehbar ihre Baumplätze ein, sodass Staunen und Bewunderung unsererseits nicht ausbleiben können.

Schon für unsere germanischen Vorfahren war die Mistel ein Geschenk der Götter, welche in ihrer Sagenwelt die klebrigen Mistelsamen in die Bäume, vor allem in die Eichen, streuten. Die Kelten räumten dieser auffälligen Pflanzenerscheinung einen ganz erhabenen und sehr geheimnisumwitterten Stellenwert ein. Dort wurde sie von den ranghöchsten Priestern als omnipotentes Zauber- und Wundermittel, als heiligste Pflanze überhaupt, bei vielen kultischen

Handlung eingesetzt. In der antiken griechischen Mythologie war die Mistel die Goldene Zauberrute des *Äneas*, der Schlüssel zur Unterwelt. Seit dem Altertum also nährt dieses Gewächs, auch *Hexenkraut*, *Donnerbesen*, *Druidenfuß* oder *Kreuzholz* genannt, zahlreiche Mythen und Legenden.

Die Weißbeerige Mistel (*Viscum album*) wird in der botanischen Systematik einerseits der Familie der Sandelholzgewächse (*Santalaceae*) zugeordnet, andererseits ist auch die Rede von einer eigenen Familie der Mistelgewächse (*Viscaceae*). Der immergrüne Halbschmarotzer, der sich vorzugsweise auf den Ästen von Laubbäumen festsetzt und seinem Wirt Wasser und Mineralsalze entzieht, ist laut überwiegender Literatur „mehr oder weniger giftig". Über die Giftigkeit werden je nach Unterarten der Misteln auf Apfelbäumen, Tannen, Kiefern, Eichen und Walnüssen unterschiedliche Angaben gemacht. Auch spielt die Jahreszeit eine Rolle und die abnehmende Giftigkeit in außen sitzenden Blättern und Beeren und die zunehmende im innen liegenden Senker des „Busches". Um die zwei Substanzgruppen des Giftes, die Viscotoxine, die in ihrem Aufbau und ihrer Wirksamkeit Ähnlichkeiten mit Schlangen- und Bienengiften zeigen und die Mistellektine, die das Immunsystem beeinflussen und manche Arten von Krebszellen am Wachstum hindern können, wird seit Jahren eine heftige Diskussion bezüglich alternativer Krebstherapien geführt. In der Homöopathie jedoch werden die jungen Mistelsprosse schon lange als leicht blutdrucksenkendes Mittel und bei geschwächtem Herzmuskel eingesetzt.

Die weißen Scheinbeeren der Mistel werden von bestimmten Vögeln, die dadurch auch die Verbreitung des Gewächses garantieren, gefressen. Die halbverdauten Scheinbeeren bleiben mit den Ausscheidungen der Vögel in den Ästen der Bäume kleben und keimen nach wenigen Monaten – der Beginn eines neuen Lebenszyklus'. Wer schon einmal eine Mistelbeere zwischen den Fingern zerquetscht hat, stellt fest, dass die innen liegenden Samen von einem äußerst klebrigen Fruchtfleisch umgeben sind. Dieser Leim (= Viscum) ist ein so extremer Klebstoff, dass er zu allen Zeiten zur Herstellung von Vogelleim benutzt wurde.

Die in der Mythologie alle irdischen Grenzen außer Kraft setzende Eigenschaft der Mistel zieht sich zwar wie ein roter Faden durch mindestens zwei oder mehr Jahrtausende und durch sämtliche Gegenden Nord-, Mittel- und Südeuropas. Was aber dieses Zauber-, Sagenhafte und Wundersame letztlich ausmacht, ist uns heute eher ein Rätsel. Es wird wohl das wunderliche, phantastische, ja fast überirdische Erscheinungsbild dieses seltsamen Pflanzen-Gebildes sein.

Die Walnuss

Jeder kennt diesen stattlichen Baum mit seiner ausladenden Krone, dessen Früchte im September auszureifen und kurze Zeit später, freigegeben von ihrer grünen Schale, zu fallen beginnen: die **Echte Walnuss**, (*Juglans regia*) aus der Familie der Walnussgewächse (*Juglandaceae*). Ein ganz und gar besonders kraftvolles Baum-Wesen, dessen wohlschmeckenden Nüsse schon vor 9.000 Jahren als Nahrungsmittel dienten, die halbreifen, grünen Früchte und die Blätter bereits im Altertum medizinische Anwendung fanden, dessen Holz eines der begehrtesten und teuersten Hölzer ist und das seine Erhabenheit in einem unverwechselbaren, mächtigen Erscheinungsbild zum Ausdruck bringt.
Schon in den antiken Namensgebungen kommt deutlich zum Ausdruck, dass dieser majestätische Habitus des Walnussbaumes, verbunden mit dem reichen Fruchtansatz als göttlich-königliche Potenz mythologisiert wird. So lautet der griechische Name *Dios balanos = die Eichel des Zeus*. Im Lateinischen wurde daraus *Iovis glans = Eichel des Jupiter* oder *Jupiternuss*. Und höchstwahrscheinlich waren es die Römer, die ihre *nux gallica* zunächst nach Gallien und von dort nach Deutschland gebracht haben.

Der Nussbaum, früher häufig als dominierender und Generationen übergreifender Hof- oder Hausbaum gepflanzt, kann bis zu 25 m hoch werden und ein Alter bis zu 160 Jahren erreichen. In seiner Jugend zeigt er eine glatte, silbrig-graue Rinde, im Alter entwickelt er zunehmend eine rissige, dunkelgraue Borke. Die kräftig grünen, wechselständigen Fiederblätter erscheinen unpaarig gefiedert und erreichen eine Länge bis zu 30 Zentimeter. Der Frost und Spätfrost gefährdete Baum schlägt im Frühjahr als letzter unserer sommergrünen Laubbäume aus, bildet aber bald ein dichtes Blätterdach, dessen kühlender Schatten in sommerlicher Hitze von unschätzbarem Wert ist. Ob die gerbstoffreichen Blätter tatsächlich Mücken und Fliegen vertreiben, scheint nicht ganz geklärt. Ein Phänomen allerdings ist sehr auffällig und inzwischen gut untersucht: der Boden unter Walnussbäumen ist oft wenig bewachsen. Vieles was gepflanzt wird, kümmert und kann nur mit großer Mühe am Leben erhalten werden, auch Schatten liebende und sonst äußerst robuste Pflanzen. Wie ist dies zu erklären? In den Blättern wird ein Glucosid gebildet, das mit der Freisetzung in das keim- und wachstumshemmende Juglon umgewandelt wird. Da diese biochemische Abwehr gegen andere pflanzliche Nährstoffkonkurrenten aber erst mit der Belaubung einsetzt, ist es durchaus bestens möglich und überdies sehr hübsch, kleine Frühlingsblüher, wie blaue Scilla oder ähnliches, unter unseren Alleinherrscher zu pflanzen. Bis dieser sich nämlich im grünen Blättergewand zeigt, sind die kleinen blauen Sterne längst wieder verschwunden.

Doch nun zu den Nüssen: wussten Sie, dass aus Nüssen gezogene Walnussbäume erst ab einem Alter von 10 bis 20 Jahren Früchte tragen und erst ab ihrem vierten Lebensjahrzehnt gute Erträge erzielen? Liebäugeln Sie also mit dem Setzen eines Baumes auf Ihrem nicht zu kleinen Grundstück, dann kaufen Sie ein veredeltes Bäumchen. So können Sie schon nach wenigen Jahren diese überaus gesunden, reich an Omega-3-Fettsäuren, Spurenelementen, Mineralstoffen und Vitaminen, Früchte ernten. Die Walnuss ist nicht nur vielseitigst verwendbar, sondern auch von einem unvergleichlichen Wohlgeschmack; ob als Öl im Salat, als süße Kuchen, salzige Beilagen mit Gemüse und Kartoffeln, in Soßen, als Einmachobst (die grünen Nüsse mit sehr hohem Vitamin C-Gehalt) oder als Nusslikör und Nussgeist – und nicht zu vergessen: die Nuss pur zum Knabbern.

Zu guter letzt möchte ich Ihnen ein ganz spezielles, aus Ligurien stammendes Rezept mit Walnüssen verraten, das traditionell zu Pasta oder Gnocchi gereicht wird.

*Für die **Salsa die noci** brauchen Sie mindestens 300 g Walnusskerne, die Sie im Mörser klein stoßen. Dazu geben Sie ein in Milch eingeweichtes und anschließend ausgedrücktes Brötchen, etwas Sahne, eine zerdrückte Knoblauchzehe, etwas Olivenöl und verarbeiten alles zu einer dickflüssigen Soße. Wahlweise kann ein Teil der Sahne gut durch Brühe ersetzt werden. Mit Salz und Pfeffer abschmecken und 3 Esslöffel frischen, kleingehackten Majoran dazu geben. Bon apetito!*

Herbstbild

Dies ist ein Herbsttag, wie ich keinen sah!
Die Luft ist still, als atmete man kaum,
Und dennoch fallen raschelnd, fern und nah,
Die schönsten Früchte ab von jedem Baum.
Oh, stört sie nicht, die Feier der Natur!
Dies ist die Lese, die sie selber hält,
Denn heute löst sich von den Zweigen nur,
Was vor dem milden Strahl der Sonne fällt.

Friedrich Hebbel

Mein Herbstgarten

Wie lebendig und gegenwärtig sind uns so manche warmen Herbsttage mit blauem Himmel und den heiteren, ja manchmal fast knallig wirkenden Farbtönen fallender Blätter und des letzten Herbstflors in Erinnerung. Es ist, als ob die Natur einen opulenten Abschied feiere und nochmals alles zur Schau stelle, als ob zum allerletzten mal das gesamte Orchester aufspiele, um uns die ganze Palette an Klängen, Formen und Farben zu präsentieren.

Noch liegen Reste von farbenfrohen Äpfeln im grünen Gras. In den Weinreben hängen hie und da einige vergessene Beeren im bunten Laub und hunderte knallroter und orangefarbener Hagebutten sitzen nickend in ihren blätterlosen Rosenbüschen im Hang. Pfaffenhütchen leuchten in krassem Orange-Rot-Pink, der Wilde Wein zeigt sich im Feuer-Kleid. Große Ahornbäume schicken ihre gelben, papierrascheligen Blätter auf die Reise. Weinrotes, zartes Hartriegel-Laub hüpft im sanften Luftzug den Weg entlang. Kräftig gelbes Lampenputzergras stellt leicht geschwungen seine silbrig-grauen Ähren zur Schau. Der Straußenfeder-Farn legt seine rostbraunen, trockenen Wedel ergeben auf den Boden. Das derbe, dunkelbraune Laub

des majestätischen Most-Birnbaum liegt schwer und feuchtigkeitsgetränkt im Gras. Die hellgelben, feinen Blättchen der Spierensträucher kleben noch fest an ihren kleinen Zweigen.
Es sind wunderschöne Augenblicke und Eindrücke, die wirklich keiner stören sollte – denn all' zu schnell sind sie vorbei.
Bei manchem von uns schleicht sich angesichts dieser überwältigenden Buntheit, Vielfalt und der Vergänglichkeit hinterrücks der Gedanke an ein jähes Ende des Gartenjahres und den Beginn der grau-nebligen, nass-kalten und eintönigen Zeit ein.
Doch halt, bevor Sie das Gartenjahr beenden und sich in die warme Stube mit knisterndem Kaminfeuer, ausgewählter Literatur und Bratäpfeln zurückziehen wollen, überlegen Sie doch mit mir zusammen, ob Sie nicht jetzt noch für einen ähnlich bunten, farbenfrohen und leuchtenden Auftakt im nächsten Frühjahr sorgen wollen!

Noch ist die Zeit, in der Sie Blumenzwiebeln, Knollen und Rhizomstücke für so manchen Frühlingsblüher in die Erde bringen können. Und denken Sie dabei nicht nur an die schier unerschöpfliche Vielfalt von Tulpen und Narzissen, sondern auch an die schon im Februar blühenden rosa Alpenveilchen, an die verschiedenen blauen Leberblümchen, gelben Winterlinge, weißen Schneeglöckchen und Märzenbecher, strahlendblauen Scilla und die vielen verschiedenen Krokusse.

Beim Pflanzen der Zwiebeln gilt die Regel: dreimal so tief, wie die Größe der Zwiebel. Die Knolle der Alpenveilchen sollte allerdings weniger weit in die Erde.

So, nun haben wir vorgesorgt fürs nächste Gartenjahr, können getrost unsere Gartenwerkzeuge einräumen und genüsslich unsere Gartenbücher aus dem Regal nehmen. Denn draußen wird's jetzt ungemütlich.

Zaubergespinste

Plädoyer für einen unaufgeräumten Herbst-Garten

Der beginnende November verweist uns kompromisslos auf das Ende des Gartenjahres. Das Laub von Bäumen und Sträuchern färbt sich bunt und fällt. Die ehemals prächtigen Staudenblätter von Funkie, Silberkerze, Taglilie und Iris werden welk und unansehnlich. Ganz vereinzelt blüht noch eine Rose oder eine Primel. Es sei denn, Sie hätten spätblühende Garten-Chrysanthemen oder Staudenastern gepflanzt. Aber auch deren Blätter vergilben allmählich und manche Blütenknospen, die ihre Entfaltung nicht mehr schaffen, bleiben für die nächsten Wochen, so erstarrt in Regen, Eis und Schnee. Alles, was wir jetzt in Ruhe lassen und sich selbst überlassen ist ein natürliches Gut, das uns anrührt und verzaubert, wenn Wasser sich in anderen Erscheinungsformen zeigt. Es gehört zu den schönsten, kleinen und flüsternden Naturschauspielen dieses späten Herbstmonats, wenn zerbrechliche Spinnennetze zwischen den dünnen Zweigen kahler Gehölze schaukeln oder wenn der Raureif den Hagebutten weiße Häubchen zaubert. Oder, welch' lockende Schönheit, wenn glitzernde Tautropfen, einer Perlenkette gleich an den leicht schwingenden Halmen des Pfeifengrases hängen. Aber oft, leider zu oft haben Tau, Raureif und Schnee in vielen Gärten nichts Nahrhaftes zu finden, das sie verzaubern und umgarnen könnten. Wo sollen sich die Tautropfen aufhängen, wenn die Grashalme kurzgeschoren sind? Wo sollen stachelige Reifnadeln sich festhalten, wenn es keine Samenstände der längst verblühten Blumen gibt? Und wo sollen die Spinnen ihre fragilen Zaubergespinste befestigen, wenn die Zweige entfernt und für die nächste Grüngutabfuhr bereit liegen? In die Luft können die achtbeinigen Künstler ihre überaus variantenreichen Prachtgespinste nicht hängen. Und die Vögel: wo sollen geschäftige Meisen an braunen Blumensamen zupfen, wenn alles ordentlich abgeschnitten ist? Und wo sollen aufgeregte Amseln im liegengebliebenen, feuchten Laub mit viel Geraschel nach Würmern suchen, wenn der Laubgebläse-Spezialist schon alles fortgeblasen hat?

Der Zwang und die Lust, Ordnung zu schaffen, abzuschneiden und aufzuräumen greift unter vielen Gartenbesitzern in jedem Herbst wieder erneut wie eine ansteckende Krankheit um sich. Der große Gartenlehrmeister und Schriftsteller *Karl Foerster* war auch schon zu seiner Zeit so erbost über dieses jährlich wiederkehrende Phänomen, dass er einmal in der Gartenzeitschrift *Gartenschönheit* einen Artikel mit dem Satz „Putzfrauen und Saubermänner haben in einem Garten nichts zu suchen!" beendete.

Und wie ist es bei uns, über 60 Jahre später, in Tübingen und der weiteren Umgebung? Nach wie vor werden mit dem fortgeschrittenen Herbst viele Gartenbesitzer unruhig, greifen zum Spaten, kratzen mit Hacke und Sauzahn auf der Scholle, schneiden mit Astscheren, was zu Boden liegt oder kreuz und quer gewachsen ist und wollen dringlich wissen, welche Arbeiten noch für den Garten, die Pflanzen und letztlich wohl für uns Menschen zu tun seien. „Was muss man im Herbst unbedingt im Garten machen?" fragen sie mich „Umgraben? Zurückschneiden? Saubermachen?" Meine Antwort dazu lautet: nein, nein und nochmals nein!

Gerne möchte ich die Frage andersherum stellen. Was kann man und frau im Herbst tun, damit der Garten seinen Reiz und seine Schönheit auch im Spätherbst und Winter behält? Die Antwort: man kann die Gartengeräte säubern, pflegen und einräumen und dann die Hände in den Schoß legen oder einen Spaziergang machen.

Denn jetzt kommt die Zeit, in der Sie Ihren Garten, Ihr Obstgütle und die Natur draußen auf eine ganz andere Weise erfahren und genießen können. Wer bereit ist, das Schaffen-Müssen einmal ganz hinten an zu stellen, seine Sinne zu schärfen und ganz bewusst hinzuschauen, hinzuhören und hinzuriechen, dem kann sich selbst im späten, nebligen, nassen und frostigen Jahr ein verhüllter und leiser Reichtum auftun. Und so überrascht uns jeder Gang durch den ruhenden und unaufgeräumten Herbst-Garten mit kleinen und zauberhaften Verwandlungen.

Winterzeit ist Schokoladenzeit! Ob zartbitter, cremig, pfeffrig, nussig oder pikant, ob als Getränk oder Pralinen, ob als innerlicher „Glücklichmacher" oder äußerliche wellness-Anwendung, Schokolade ist in aller Munde. Es gibt wohl kaum jemanden, dem das Endprodukt Schokolade nicht bekannt wäre. Wer aber kennt den Baum, der die Kakaofrüchte mit den Kakaobohnen trägt? Und wer weiß von der hochinteressanten Geschichte des Kakaos und der Schokolade?

Der **Kakaobaum**, von Linné *Theobroma cacao*, „Speise der Götter" genannt, gehört zur Familie der Malvengewächse (*Malvaceae*) und ist ursprünglich in den Regenwaldgebieten des östlichen Amazonasbeckens heimisch. Der immergrüne Baum kann, so man ihn wachsen lässt, eine Höhe von 15 Metern erreichen. Um die Ernte zu erleichtern, wird das Gewächs in den Plantagen aber auf etwa 4 Metern Höhe gehalten. Der Kakaobaum ist schattenliebend und kann problemlos im Unterholz des Regenwaldes gedeihen. Da er ein Kind der Tropen ist, benötigt er ganzjährige Durchschnittstemperaturen von 24° bis 32° C und ausgewogene Niederschlagsmengen. Eigentlich könnte sein Alter bis zu 100 Jahren betragen, wirtschaftlich produktiv aber ist er nur ungefähr 60 Jahre. Der hellgrün beblätterte Baum blüht und fruchtet ganzjährig und seine weißen Blüten sitzen direkt am Stamm. Die 15 bis 20 cm langen und bis zu 500 g schweren Früchte ähneln Rugby-Bällen und sind je nach Sorte gelb, orange oder violett. Im Innern der Früchte liegen zwischen 20 bis 60 Samen, die Kakaobohnen, eingebettet in weißes, schleimiges und süßes Fruchtfleisch. Restsubstanzen dieses süßen und vergorenen Fruchtfleischs wurden in Tongefäßen nachgewiesen, die bereits etwa 1.000 v. Chr. in Honduras in Gebrauch waren. Wann genau es

Wenn uns Xocoatl winkt – Der Kakaobaum

begann, dass die Bohnen fermentiert, anschließend getrocknet und dann weiterverarbeitet wurden, ist nicht bekannt.

Vermutlich stammt das Wort kakowa = kakao aus der Olmeken-Sprache und wurde so von den Mayas übernommen. Von diesen sind ab etwa 900 v. Chr. Wandzeichnungen, Schriften und auch Gefäße erhalten, welche die Anwendung und den Genuss von Kakao und Schokolade belegen. Schokolade wurde ausschließlich von hochstehenden Personen getrunken und als Gewürz bei der Zubereitung von Speisen verwendet und mit anderen intensiven Gewürzen, wie Chili, Piment und Zimt kombiniert. Gesüßte Schokolade, wie man sie heute bei uns kennt, gab es damals nicht. Wie bereits in der Maya-Kultur hatte Kakao auch bei den Azteken eine kultische Bedeutung und war nicht nur ein wertvolles Handelsprodukt sondern wurde auch als Zahlungsmittel benutzt. Um 1500 war bei den Azteken ein Truthahn 200 Kakaobohnen wert, ein Kaninchen etwa die Hälfte und eine große Tomate entsprach dem Wert einer Kakaobohne. Aus den Bohnen wurde mit Wasser, Mais, Vanille und Pfeffer ein herb-würziges Getränk hergestellt, dessen Genuss wiederum ausschließlich Adligen, Würdenträgern, Kriegern und Kaufleuten vorbehalten war und dessen Name sich von dem des Gottes *Xocoatl* ableitet, die Schokolade.

Der spanische Conquistador Hérnan Cortés, der im Jahr 1519 Mexiko eroberte und die Azteken unterwarf, begriff sehr schnell, dass ihm mit dieser Eroberung „braunes Gold" in die Hände gefallen war. Er brachte sowohl das getrocknete Rohprodukt gewaltsam in seinen Besitz, als auch die Rezepturen für das göttliche Getränk. Damit ging die Kakaobohne auf Reisen und ist im 16. Jahrhundert an den spanischen Hof gelangt, wo sie annähernd 100 Jahre lang als höfisches Geheimnis strengstens gehütet wurde. Erst dann hielt die Schokolade Einzug in die anderen europäischen Paläste und wurde lange Zeit zum unverzichtbaren Modegetränk des Adels. 1828 revolutionierte der Niederländer Van Houten mit neuen technischen Verfahren die Schokoladeproduktion, sodass eine wesentlich raschere Zubereitung von Trinkschokolade möglich wurde. Damit war der Weg vom einstigen Luxusgut zum billigen Massenprodukt geebnet.

Nach wie vor wird lediglich der aufbereitete Rohstoff Kakao von den Plantagen Mittelamerikas und Afrikas geliefert und der Löwenanteil der Herstellung, der sehr profitablen Vermarktung und des Endverbrauchs findet in Europa und Nordamerika statt. Dennoch gibt es immer mehr Kakaobauern vor Ort, die sich aus den globalen Verflechtungen des Welthandels mit dem sehr einseitigen Profitstreben herauslösen und sich mit Erfolg in ausgewogeneren, sogenannten fairen Handelsstrukturen organisieren.

Winterblüten – Die Christrose

Schneerosen sind zauberhafte Blumenwesen und vollkommene Pflanzenkinder der Schönheit, uns geschickt aus einem Elfenreich: Weiße Blütenköpfe, offen, strahlend, rein und heiter im glänzend grünen Blätterkleid. Gibt es Wundervolleres im Winterland?

Das Bewusstsein um die Einmaligkeit und Besonderheit der Schnee-, Christ- oder Lenzrose (*Helleborus niger*) aus der Familie der Hahnenfußgewächse (*Ranunculaceae*) ist uns verloren gegangen. Und dabei ist sie doch schlichtweg die schönste Winterblume, die wir, gerade aufblühend in Vasen, Töpfen, Schalen und vor allem auch im winterlichen Garten haben könnten.

In manchen alten Gärten ist sie noch zu finden und hat dort geduldig und allwinterlich mit erhobenem Blütenhaupt sämtliche Pflanzen-Moden der letzten Jahrzehnte überstanden. Sie ist in der Tat eine besondere und äußerst symbolträchtige Pflanze, deren Einzigartigkeit sich gänzlich ohne Grellheit und Geschrei zeigt. Eine Schönheit, die sich uns erst allmählich offenbart und auch nur dann, wenn sich die Weihnachtsblume an einem, ihr zusagenden Gartenplatz entfalten kann.

Heimisch ist die Schwarze Nieswurz ursprünglich in den Südalpen, sowie anderen Gebirgen Süd- und Südosteuropas. Sie wird jedoch seit Jahrhunderten, auch aufgrund ihrer frühen Blütezeit und ihrer großen, weißen Blüten, in den Gärten kultiviert.

Das lateinische Wort niger bedeutet schwarz und bezieht sich auf das schwarze Rhizom dieser Pflanzenart, das getrocknet und zerrieben als Niespulver benutzt wurde, und dies, nicht nur um die Nase frei zu schneuzen, sondern vor allem, um mittels Niesen, Krankheiten und böse Geister zu vertreiben. Ein Blick in das Märchen „Zwergnase“ von Wilhelm Hauff zeigt uns, dass das zum deftigen Niesen reizende Pulver dem verzauberten Jakob wieder zu wahrem Aussehen verhalf.

Ihre Giftigkeit hat die Christrose im Laufe der Jahrhunderte zur Hexen-, Zauber- und Orakelblume gemacht. Nach einem Aberglauben des Mittelalters zufolge, sucht die Kröte *Bufo* unter einer Nieswurz nicht nur Schutz, sondern nimmt durch Zauberkraft ihr Gift in sich auf.

Seit sehr langer Zeit wird *Helleborus* auch in der Pflanzenheilkunde beschrieben und verwendet. In der Volksmedizin wurde sie, nicht ohne Risiken, als Brech- und Abführmittel benutzt. Heute wird das isolierte *Hellebrin*, ähnlich wie *Digitalis* (Fingerhut), in der Medizin als Herzmittel eingesetzt. Laut dem römischen Gelehrten Plinius dem Älteren soll *Helleborus* bereits 1400 v. Chr. gegen die Geisteskrankheit (helleborio = verrückt) eingesetzt worden sein. Die Überlieferungen und die Legenden um die Heil- und Zauberkraft dieser Pflanze könnte ohne Schwierigkeiten fortgesetzt werden.

Doch zurück zum Garten: unsere Schneerose verlangt einen halbschattigen Standort. Wichtig ist ein Kalkanteil in der Erde. Und ebenso muss der Boden für diesen Winterblüher gut mit Humus angereichert sein und darf keine stauende Nässe in sich haben. Unsere Schöne hasst es, verpflanzt zu werden. Sie kann dann jahrelang die Beleidigte spielen. Ihre vollkommene Schönheit entfaltet sie erst nach einigen Gartenjahren, vorausgesetzt sie fällt keiner Pilzkrankheit zum Opfer, die ihre wächserne Schönheit zerstört und ihr dunkelgrünes Blattwerk mit hässlichen braunschwarzen Flecken angreift. Und wenn Sie tatsächlich zuverlässig zu Weihnachten Christrosen-Blüten haben wollen, dann sollten Sie unbedingt die Sorte ‚Praecox‘ pflanzen, denn alle anderen kommen meist später zur Blüte.

Übrigens, es gibt in dieser Pflanzenfamilie weitere, aber ganz bestimmt ebenso schöne andere Arten, wie beispielsweise unsere heimische Nieswurz *Helleborus foetidus* mit grüner Februar-Blüte, oder die sogenannten „Orientalen“, *Helleborus orientalis*, die in verschiedenen Sorten wundervolle rosa und purpurfarbene März-Blüten hervorbringen. Unter den neueren Hybrid-Züchtungen gibt es einige mit ausgesprochen dekorativem Laub und cremefarbenen Blüten. Sie alle sind, ohne Ausnahme tatsächlich vollkommene Pflanzenkinder der Schönheit und kein Gartenliebhaber wird es je bereuen, sich diese besonderen Pflanzen in den Garten geholt zu haben.

Heleborus orientalis

Die Stechpalme

Sie ist keine Palme, sie „sticht" nur ganz wenig und sie zeigt sich ganzjährig in leuchtend sattem Grün in unseren Wäldern und Gärten. Die **Gemeine Stechpalme** (*Ilex aquifolium*), je nach Gegend auch Hülse, Hulstbaum, Schradlbaum, Stechlaub oder Holly genannt, ist die einzige, in Mitteleuropa heimische Vertreterin der Familie der Stechpalmengewächse (*Aquifoliaceae*). Und weil wintergrüne Gehölze gerade in der dunkleren Jahreszeit besonders auffallen, unseren Augen schmeicheln und in unseren Gärten eine herausragende Rolle spielen, ist es unumgänglich, sich die Stechpalme etwas genauer anzusehen.

Das natürliche Verbreitungsgebiet unseres eindrucksvollen *Ilex* mit seinen derb ledrigen Blättern liegt im gesamten mitteleuropäischen Raum, einschließlich Südosteuropa und Nordafrika in höheren Lagen, in denen die Sommer nicht zu trocken sind. In Deutschland kommt der bis zu 10 Meter hoch wachsende und bis zu 300 Jahre alt werdende Baum hauptsächlich im Bereich des Mittelgebirgsgürtels, westlich des Rheins, im Schwarzwald und in den Waldgebieten des norddeutschen Tieflands vor. Der Baum ist zweihäusig, was bedeutet, dass sich weibliche und männliche Blüten auf zwei verschiedenen Stechpalmen befinden und der rote Beerenschmuck sich nur auf der weiblichen Pflanze bilden kann. Das langsam und eher strauchförmig wachsende Gehölz – nur bestimmte Gartenformen ergeben mit den Jahren eine lockere Pyramidenform – liebt den Schatten und den Halbschatten und bevorzugt nährstoffreichen, kalkarmen Boden.

Dies ist sicherlich ein Grund, warum die Stechpalme in unseren Wäldern um Tübingen natürlicherweise nicht vorkommt. Mittlerweile aber können wir den *Ilex* sehr wohl in einigen hiesigen Gärten finden, was zur Folge hat, dass die roten Beeren, die im Winter gerne von Vögeln gefressen, somit auch verbreitet werden. Und so konnte ich vor kurzem, bei einem Spaziergang zum „Elysium", am oberen Bachlauf des Käsenbachs mehrere Stechpalmen-Sämlinge mit ihren gezähnten, dunkelgrünen Blättern entdecken.

Durch sein auffälliges Erscheinungsbild mit den immergrünen, schön geformten Blättern und den leuchtend roten und stark giftigen Steinfrüchten spielte der *Ilex* bereits in vorchristlicher Zeit eine wichtige Rolle. Die Römer betrachteten diesen Baum als Sinnbild für Wohlwollen, Zuwendung und Glück. Während des römischen *Saturnalien-Fests*, das ungefähr zur gleichen Zeit unseres heutigen Weihnachtsfests gefeiert wurde, war es üblich, sich unter anderem mit Ilex-Zweigen zu beschenken. Die Kelten sahen in der Stechpalme einen heiligen Baum mit weiblichen Attributen, der zusammen mit der Mistel und deren Samen – als männliches Pendant – kultisch als eine Art heiliges Paar verehrt wurde.

Bei den Germanen symbolisierte sie, wie alles Immergrüne, die Unvergänglichkeit und aufgrund der gezähnten und teils stacheligen Blätter glaubte man, die an Türrahmen und Eingängen aufgehängten Zweige der Hülse könnten Haus und Stall vor bösen Geistern schützen. *Hulis* (das Dunkel, der Wald) nannten die Germanen den Baum. Das Wort wandelte sich im Deutschen zu *Hulst* oder *Hülse*, im Englischen entwickelte sich daraus der Begriff *Holly*. Der wohl bekannteste wörtliche Niederschlag des heiligen Baums findet sich in der Bezeichnung „Hollywood". Denn einst fand sich ein ausgedehnter Bestand von Stechpalmen auf dem Areal der heutigen Film-Metropole in den USA.

Den Namen Stechpalme erhielt der *Ilex* erst in christlicher Zeit. Zum einen ließen sich die Zweige mit den stacheligen Blättern und den roten Beeren im mitteleuropäischen Raum gut als Dornenkrone Christi mit den Blutstropfen interpretieren. Zum anderen bot sich das immergrüne Laub als Symbol der Unsterblichkeit idealerweise Weise als Ersatz für die biblischen Palmzweige bei den Palmsonntagsprozessionen an. Erst im 16. Jahrhundert wurde der dekorative Baum gar zum Weihnachtssymbol: die Straßburger Bürger stellten, bevor Tannen und Fichten in Mode kamen, zu aller erst unsere Stechpalme in ihren Salons auf. Denn sie behielt ihr frisches und märchenhaftes Aussehen mit ihrem roten Beerenschmuck problemlos zwei bis drei Wochen in der sie umgebenden Zimmerwärme.

Übrigens, wer in einer gut sortierten Baumschule eine Stechpalme für den Garten oder Kübel sucht, kann sehr dekorative Arten und Sorten mit weiß oder gelb panaschiertem Laub finden oder auch solche, die in ausgesprochen schmaler Säulenform wachsen.
Sowohl das Pflanzen-, wie auch das Menschen-Leben ist einzigartig und vielfältig zugleich.

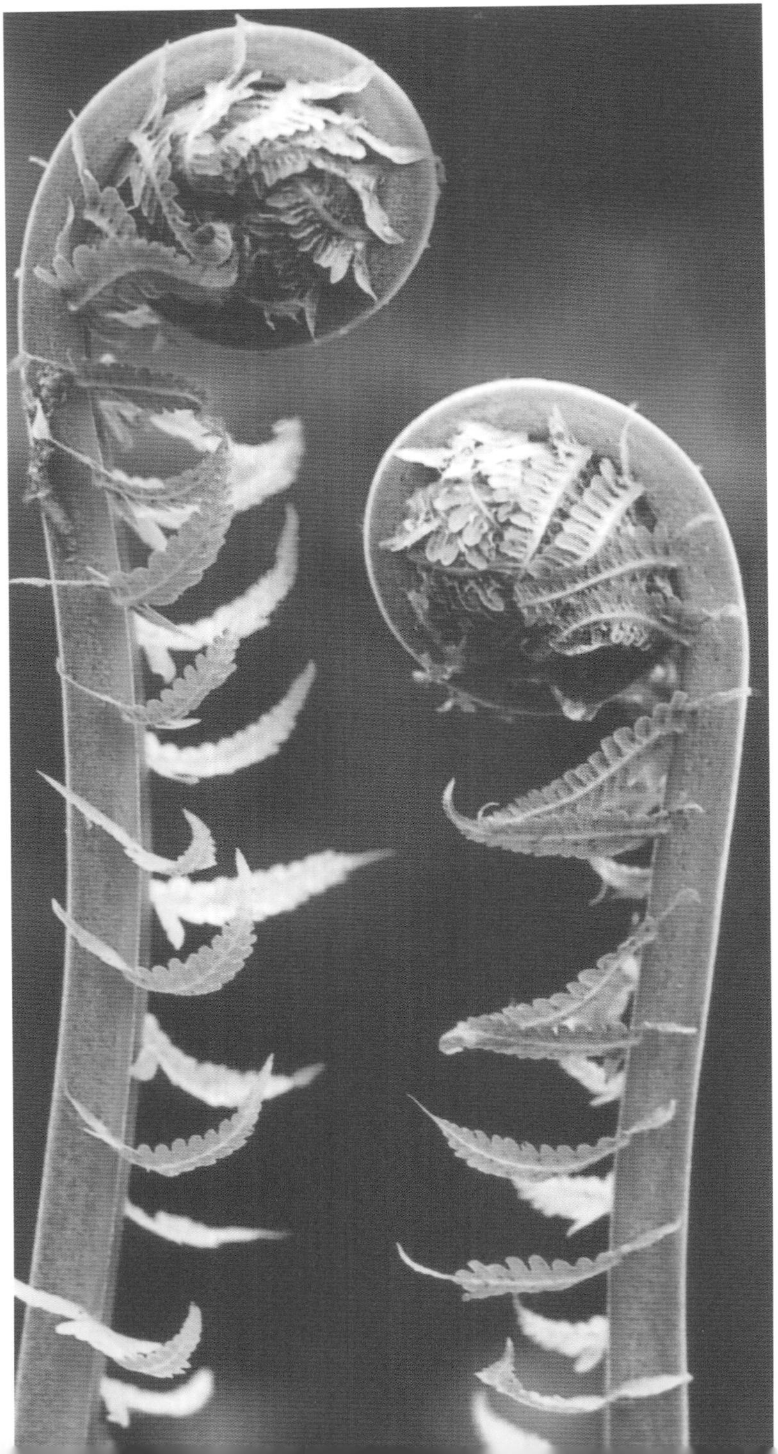

All denjenigen, die in irgendeiner Weise an der Verwirklichung dieses für uns aufwändigen Projektes mitgewirkt haben, wollen wir herzlich danken.
Ganz besonders gefreut haben wir uns über die freundliche Unterstützung des Botanischen Gartens der Universität Tübingen.

Inge Yserentant
Jahrgang 1954, zwei erwachsene Söhne, lebt in Tübingen und hat 1998 ihre fotografische Arbeit wieder intensiv aufgenommen.
Ihr leidenschaftliches Interesse gilt der Makrofotografie von Pflanzen und der Natur. Es ist ihr ein großes Anliegen, die oft übersehene Schönheit und den Charme des Kleinen und Unscheinbaren mit der Kamera sichtbar zu machen.

Birgit Metzen
Jahrgang 1954, lebt in Tübingen und ist eine besessene Pflanzen-Liebhaberin und Garten-Besitzerin. Das gestalterische Wühlen in der heimischen Scholle und das aufmerksame Wahrnehmen und Erkennen von den natürlichen Veränderungsprozessen in Garten und Natur haben sie zu einer überzeugten und kompromisslosen Fürsprecherin von lebendiger Garten-Kultur gemacht.

Impressum

Verlag Birgit Günther-Metzen, Tübingen
Engelfriedshalde 31
72076 Tübingen
www.diegartenfreundin.de

Design, Grafik und Layout: MedienDesign Hammley, Filderstadt
Druck und Bindung: Gulde-Druck GmbH & Co. KG, Tübingen

ISBN 978-3-00-032276-1